土木建筑工人职业技能考试习题集

抹灰工

李　丹　主编

中国建筑工业出版社

图书在版编目（CIP）数据

抹灰工/李丹主编．—北京：中国建筑工业出版社，2014.6
（土木建筑工人职业技能考试习题集）
ISBN 978-7-112-16857-6

Ⅰ.①抹…　Ⅱ.①李…　Ⅲ.①抹灰—技术培训—习题集　Ⅳ.①TU754.2-44

中国版本图书馆CIP数据核字（2014）第098694号

土木建筑工人职业技能考试习题集
抹　灰　工
李　丹　主编
*
中国建筑工业出版社出版、发行（北京西郊百万庄）
各地新华书店、建筑书店经销
北京永峥印刷有限公司制版
北京云浩印刷有限责任公司印刷
*
开本：850×1168毫米　1/32　印张：8⅜　字数：225千字
2014年10月第一版　2014年10月第一次印刷
定价：**27.00**元
ISBN 978-7-112-16857-6
（25440）

本习题集根据现行职业技能鉴定考核方式，分为初级工、中级工、高级工三个部分，采用判断题、选择题、简答题、计算题、实际操作题的形式进行编写。

本习题集主要以现行职业技能鉴定的题型为主，针对目前土木建筑工人技术素质的实际情况和培训考试的具体要求，本着科学性、实用性、可读性的原则进行编写。可帮助准备参加技能考核的人员掌握鉴定的范围、内容及自检自测，有利于建筑工程工人岗位等级培训与考核。

本书可作为土木建筑工人职业技能考试复习用书。也可作为广大土木建筑工人学习专业知识的参考书，还可供各类技术院校师生使用。

*　　*　　*

责任编辑：胡明安
责任设计：张　虹
责任校对：刘　钰　赵　颖

前　言

随着我国经济的快速发展，为了促进建设行业职工培训、加强建设系统各行业的劳动管理，开展职业技能岗位培训和鉴定工作，进一步提高劳动者的综合素质，受中国建筑工业出版社的委托，我们编写了这套“土木建筑工人职业技能考试习题集”，分10个工种，分别是：《木工》、《瓦工》、《混凝土工》、《钢筋工》、《防水工》、《抹灰工》、《架子工》、《砌筑工》、《建筑油漆工》、《测量放线工》。本套习题集根据现行职业技能鉴定考核方式，分为初级工、中级工、高级工三个部分，采用选择题、判断题、简答题、计算题、实际操作题的形式进行编写。

本套书的编写从实践入手，针对目前土木建筑工人技术素质的实际情况和培训考试的具体要求，以贯彻执行国家现行最新职业鉴定标准、规范、定额和施工技术，体现最新技术成果为指导思想，本着科学性、实用性、可读性的原则进行编写，本套习题集适用于各级培训鉴定机构组织学员考核复习和申请参加技能考试的学员自学使用，可帮助准备参加技能考核的人员掌握鉴定的范围、内容及自检自测，有利于建筑工程工人岗位等级培训与考核。本套习题集对于各类技术学校师生、相关技术人员也有一定的参考价值。

本套习题集的内容基本覆盖了相应工种“岗位鉴定规范”对初、中、高级工的知识和技能要求，注重突出职业技能培训考核的实用性，对基本知识、专业知识和相关知识有适当的比重分配，尽可能做到简明扼要，突出重点，在基本保证知识连贯性的基础上，突出针对性、典型性和实用性，适应土木建筑工人知识与技能学习的需要。由于全国地区差异、行业差异及企业差异较大，使用本套习题集时各单位可根据本地区、本行业、本单位的具体情况，适当增加或删除一些内容。

本书由广州大学市政技术学院的李丹主编。

在编写过程中参照了部分培训教材，采用了最新施工规范和技术标准。由于编者水平有限，书中难免存在若干不足甚至错误之处，恳请读者在使用过程中提出宝贵意见，以便不断改进完善。

编者

目　录

第一部分　初级抹灰工

第二部分　中级抹灰工

第三部分　高级抹灰工

第一部分　初级抹灰工

1.1　判断题

1. 建筑工程图是应用投影的原理和方法绘制的。(√)

2. 建筑工程图是用六个投影图来表示建筑物的真实形状、内部构造和具体尺寸的。(×)

3. 投影线与投影面垂直所得的投影，叫做正投影。(√)

4. 空间的形体都有长、宽、高三个方向的尺度。(√)

5. 建筑施工图一般用一个三面投影就能反映其内外概况。(√)

6. 三面图的投影关系：平面图和正面图宽相等。(×)

7. 三面图的投影关系：正面图和侧面图长对正。(×)

8. 三面图的投影关系：平面图和侧面图高对齐。(×)

9. 在画形体的投影时，形体上不可见的轮廓线在投影图上需要用虚线画出。(√)

10. 断面图要划出包括断面在内的物体留下部分的投影图。(×)

11. 建筑施工图是按比例缩小或放大绘出的，但是标注尺寸还必须是建筑物或构件的实际尺寸。(√)

12. 建筑物的实际尺寸一般比较大，只有将其放大若干倍，才能绘制到图样上。(×)

13. 常用构件代号，如墙板用 QB 为代号、屋架用 WJ 为代号。(√)

14. 建筑施工图包括总平面图、平面图、屋顶平面图、剖面图和构造详图等。(√)。

15. 建筑施工图（简称结施）包括结构布置平面图和构件的结构详图。(×)

16. 施工图中的各种图样，主要是用正投影法绘制的，它们都应符合正投影规律和投影关系。(√)

17. 阅读总平面图应先看工程性质，用地范围，地形地貌和周围环境等情况。(×)

18. 阅读总平面图应明确拟建房屋的位置和朝向。(√)

19. 从立面图的形状与总长总宽尺寸，可以计算出房屋的用地面积。(×)

20. 从房屋平面图中可以看到房屋内部各房间的配置、用途、数量及其相互间的联系情况。(√)

21. 在与房屋立面平行的投影上所作的房屋的正投影图，就是建筑平面图，简称平面图。(×)

22. 从立面图上可以了解房屋的各层及总高度多少。(√)

23. 当物体的某一局部，在图中由于比例过小，未能表达清楚或不便于标注尺寸，则可将该局部构造用大于原图的比例放大，这种图形叫做详图，也叫局部放大图或剖面图。(×)

24. 从立面图可看到该房屋的整个外貌形状，也可了解该房屋的屋面，门窗，雨篷，阳台，台阶及勒脚等的形式和位置。(√)

25. 砖混结构是用砖墙（或柱）、木屋架作为主要承重结构的建筑物。(×)

26. 钢结构是指房屋建筑的柱、梁、木屋架作为主要承重结构的建筑。(√)

27. 材料孔隙越大，表现密度（容重）越小，其相对密度（比重）也越小。(×)

28. 石灰是水硬性胶凝材料，可用在潮湿的环境中贮存期超过三个月的水泥，仍可按原强度等级使用。(×)

29. 麻刀、纸筋可提高抹灰层的抗拉强度，增强抹灰层的弹

性和耐久性。(√)

30. 麻刀、纸筋、稻草、玻璃丝等在抹灰中起骨架和拉结作用，可提高抹灰层的抗拉强度，增强抹灰层的弹性和耐久性，保证抹灰罩面层不易发生裂缝和脱落。(√)

31. 麻刀为白麻丝，以均匀、坚韧、干燥、不含杂质、洁净为好。一般要求长度为4～6mm，随用随打松散，每100kg石灰膏中掺入5kg麻刀，经搅拌均匀，即成为麻刀灰。(×)

32. 抹灰是装修阶段中重量最大，最主要的部分。(√)

33. 室外抹灰工程施工，一般应自下而上进行。(×)

34. 石灰砂浆内抹灰，可用水泥砂浆或水泥混合砂浆做标志和冲筋。(×)

35. 钢、木门窗缝隙，应用水泥砂浆一次嵌塞密实。(×)

36. 剖面剖切符号采用实线绘制。(×)

37. 砖混结构是以砖墙或柱，钢筋混凝土楼板为主要承重结构。(√)

38. 建筑施工图包括首页图、总平面图、平面图、立面图、屋顶平面图、剖面图和构造详图。(√)

39. 混合砂浆是由水泥、石灰粉、砂子，按一定比例加水拌合而成的。(√)

40. 水泥和水拌合后，只能在水中硬化，而不能在空气中硬化。(×)

41. 屋顶主要起维护作用，它不属于承重结构。(×)

42. 天然地基是指天然土层有足够的地基承载力，可以直接在上面建造房屋的地基。(√)

43. 建筑图纸上的标高以米为单位。(√)

44. 钢筋混凝土基础、砖基础均属于刚性基础。(×)

45. 108胶具有一定腐蚀性，应储存在铁桶和塑料桶内。(×)

46. 砂浆搅拌机要每天清洗，保养（指日常保养）。(√)

47. 抹灰通常有底层抹灰、中层抹灰、面层抹灰组成。

(√)

48. 比例为 1∶20，是指图上距离为 1，实际距离为 20。(√)

49. 使用砂浆搅拌机，要先将料倒入拌筒中，再接通搅拌机电源。(×)

50. 装饰工程所用的材料，应该按照设计要求选用，并将符合现行材料规范的规定。(√)

51. 装饰工程常用颜料按来源可分为天然颜料和合成颜料，包括无机颜料和矿物颜料。(√)

52. 在脚手架上操作时，靠尺板、直尺等工具必须斜靠在墙上。(×)

53. 对于墙面有抹灰的踢脚板，底层砂浆和面层砂浆可以一次抹成。(×)

54. 室外墙面抹灰分格的目的就是为了美观。(×)

55. 抹楼梯踏步时，阳角一定要跟斜线。(√)

56. 外窗台抹灰，在漏贴滴水线槽时，可用薄钢板划沟的方法补救。(×)

57. 使用磨石机时，要将胶皮电线在地面上摆好，配电盘要有保险丝。(×)

58. 雨篷抹灰顺序是：先抹上口面，后抹下口面，最后抹外口正面。(×)

59. 喷涂抹灰的质量标准比一般手工抹灰的质量标准低。(×)

60. 装饰抹灰用的石粒，使用前必须冲洗干净。(√)

61. 水泥砂浆和水泥混合砂浆抹灰层，应待前一层 7～8 成干后，方可抹后一层。(×)

62. 石灰砂浆底层、中层抹灰洒水润湿后，即可抹水泥砂浆抹面层。(×)

63. 抹灰砂浆底层主要是起粘结作用。(√)

64. 不同品种水泥抹灰时不可以混合使用。(√)

65. 墙面抹灰用木制分格条，必须浸泡水，晾干后方可使用。(√)

66. 搁置预制板时，宜边铺灰，边搁置，以防止引起楼层地面开裂。(√)

67. 拌制的砂浆要求具有良好的和易性。(√)

68. 一般来说，孔隙越大的材料，强度越高。(×)

69. 108 胶可作为胶粘剂使用。(√)

70. 抹灰工程分为一般抹灰和装饰抹灰。(×)

71. 抹灰中层的作用主要是找平，根据施工质量，可以一次抹成，亦可分次进行。(√)

72. 膨胀珍珠岩具有密度小、导热系数高、承压能力较高的特点。(×)

73. 抹灰前对结构工程以及其他配合工程项目进行检查是确保抹灰质量和进度的关键。(√)

74. 砂浆抹灰层在硬化后，不得受冻。(×)

75. 加气混凝土和粉煤灰砌块，基层抹灰采用混合砂浆时，应先刷一道 108 胶水溶液。(×)

76. 假面砖操作类似于釉面砖操作，只是和釉面砖材料不同。(×)

77. 瓷砖铺贴前，要先找好规矩定出水平标准，进行预排。(√)

78. 基础是建筑物的最下部位的承重构件，而地基是不承重。(×)

79. 摩擦桩是桩尖达到硬层的一种桩，建筑物的荷载由桩尖阻力承受。(×)

80. 石灰和水玻璃都是属于气硬的性胶凝材料。(√)

81. 储存期超过三个月的水泥，仍可按原强度等级使用。(×)

82. 108 胶要存放在铁质器皿中，这样可存放较长时间。(×)

83. 装饰工程在基体或基层完工后，即可施工。

84. 聚乙烯醇缩甲醛可作为胶凝剂使用。(√)

85. 建筑材料的发展方向应逐渐由天然材料转变为人造材料。(√)

86. 建筑石膏在运输和贮存时应防止受潮。(√)

87. 普通硅酸盐水泥和硅酸盐水泥是同一品种水泥。(×)

88. 水泥的初凝指水泥开始产生强度的时间。(×)

89. 白垩也可作为抹灰用的材料。(√)

90. 环氧树脂耐热性，柔韧性，耐化学腐蚀性好，而且具有体积缩率低，粘结力强等特点。(√)

91. 砂浆流动性即稠度与用水量、骨料粗细等有关，但与气候无关。(×)

92. 一般来说砂浆的抗压强度越高，粘结力越差。(×)

93. 材料的吸湿性大小决定材料本身组织结构和化学成分。(√)

94. 缸砖留缝贴顺序，一般是从四周向中间逐渐铺贴。(×)

95. 抹灰的面层应在踢脚板，挂镜线等木制品安装后涂抹。(×)

96. 白水泥和彩色水泥主要用于各种颜色的水磨石，水刷面，剁假石等。(√)

97. 抹灰工程在做好标志块后，即可进行抹灰。(×)

98. 地面水磨石面层达到强度后可一遍磨光。(×)

99. 剁假石操作，包括抹完素水泥浆后，应待水泥浆干后，再抹水泥石屑罩面层。(×)

100. 基础埋置深度，要考虑受冻影响，应埋置在冰冻线以下。(√)

101. 有机胶凝材料和无机胶凝材料都是建筑上常用的胶凝材料。(√)

102. 水泥体积安定性不良，指水泥在硬化过程中体积不发

生变化。(×)

103. 砂浆的和易性包括流动性和粘结力两个方面。(×)

104. 水泥砂浆保水性比石灰砂浆保水性好一些 (×)

105. 大理石，花岗岩材料，它们的抗压强度和抗压强度都很好。(×)

106. 地面分格是为了防止地面出现不规则缝裂，影响使用美观。(√)

107. 石灰砂浆底，中层抹灰和抹水泥砂浆面层可同时进行。(×)

108. 镶贴釉面砖前应试排，如遇突出管线、灯具等，应用非整砖机拼凑镶贴。(×)

109. 石膏罩面灰，应抹在水泥砂浆或混合砂浆基层上。(×)

110. 细石混凝土或水泥砂浆地面，应隔夜浇水润湿，以避免引起裂缝。(√)

111. 水泥砂浆掺入适量的石灰浆，能提高砂浆的和易性。(√)

112. 在施工中遇到安全无保证措施的作业时，建筑工人有权拒绝作业，同时应立刻报告有关部门，这是建筑工人的安全职责。(√)

113. 不同品种、强度等级的水泥，可以一起堆放、使用。(×)

114. 钢筋混凝土基础抗弯能力强，又称刚性基础。(×)

115. 煤沥青和石油沥青可以按比例混合使用。(×)

116. 装饰处理效果可以通过质感，线条和色彩来反映。(√)

117. 墙面的脚手架孔洞必须堵塞严密，管道通过的墙洞等，必须用石灰砂浆堵严。(×)

118. 用冻结法砌筑的墙体，室外抹灰应在完全解冻后施工。(√)

119. 膨胀蛭石砂浆使用于地下室和湿度较大的车间内墙面和顶棚抹灰。(×)

120. 甲基硅醇钠具有疏水、防污染等优点，但不能提高饰面耐久性。(×)

121. 顶棚抹灰前，应在四周墙上弹出水平线，以墙上水平线为依据，先抹顶棚四周，圈边找平。(√)

122. 喷涂时，门窗和不喷涂的部位应采取措施防污染。(×)

123. 陶瓷锦砖在铺贴前，应在清水中浸泡，晾干后，方可使用。(×)

124. 图纸上尺寸除标高及总平面图上尺寸以米为单位外，其他尺寸一律以毫米为单位。(√)

125. 人工地基是指土层承载力较高，不必进行加固处理，就能在上面建造房屋的地基。(×)

126. 楼板安装后，板缝应用 1∶2 水泥砂浆灌缝，这样可避免缝隙漏水。(×)

127. 石灰砂浆硬化过程中，“结晶”和“碳化”两个过程是同时进行的。(√)

128. 湿纸筋使用时，清水浸泡透与石灰膏搅拌均匀后，可作为建筑装饰中的堆塑用料。(√)

129. 纸筋灰储存时间越长越好，一般为 4～5 月。(×)

130. 湿纸筋使用时先用清水浸透，每 50kg 灰膏掺 1.45kg 纸筋搅拌均匀，其碾磨和过筛方法同纸筋。(√)

131. 水泥的强度等级，是以水泥 28d 的强度值确定的，以后水泥就停止硬化了。(×)

132. 装饰水泥性能同硅酸盐水泥相近，施工和养护方法也基本相同。(×)

133. 膨胀珍珠岩可拌制作为防水砂浆用。(×)

134. 保水性良好的砂浆，其分层度较小。(√)

135. 材料的吸湿性是指材料在水中吸收水分的性质。(×)

136. 水泥面层压光时，钢抹子不宜在面层上多压和用力过大，以免起壳。(√)

137. 装饰抹灰面层应做在平整且光滑的中层砂浆上。(×)

138. 剁假石面层应赶平、压光，剁前应试剁，以石子不脱落为准。(√)

139. 室内釉面砖镶贴完后，如果不是潮湿的房间，可用白水泥浆或石膏浆嵌缝。(√)

140. 每遍抹灰太厚或各层抹灰间隔时间太短，会引起抹灰层开裂。(√)

141. 地面抹水泥砂浆，为增加砂浆和易性，可掺入适量的粉煤灰 (×)

142. 在水泥或水泥砂浆中掺入适量的108胶，可以将水泥砂浆的粘结性能提高2~4倍，增加砂浆的柔韧性和弹性，从而减少砂浆面层开裂的现象。(√)

143. 地面水磨石面层压实，应该用滚筒沿一个方向来回滚压，以确保石子分布均匀。

144. 墙和柱应该满足承载力，刚度和稳定性要求，除此之外还要保湿，隔热，隔声和防水，同时具有耐久性。(√)

145. 楼面和楼地面是房屋的垂直承重和分隔构件。(×)

146. 楼地面是建筑物底层的地坪，直接承受各种使用荷载，把荷载直接传给土层。(√)

147. 门和窗安装在墙上，因而是房屋承重、围护结构的组成部分，依所在位置不同，分别要求它们防水、防风沙、保温和隔声。(×)

148. 勒脚是外墙接近室内地面处的表面部分 (×)

149. 勒脚的作用是保护地面的墙身避免受潮，同时防止力量破坏墙身和建筑物的立面处理效果 (√)

150. 散水是外墙四周地面做出向外倾斜的坡道，其作用是将屋面雨水排至远处，防止墙基受雨水侵蚀。(√)

151. 过梁设置的目的是增加房屋整体的刚度和墙体的稳定

性，增强对横向风力、地基不均匀沉降以及地震的抵抗能力。（×）

152. 在建筑过程中，将散粒材料（砂和石子）或块状材料粘结成一盒整体的材料统称为胶结材料。（√）

153. 在抹灰饰面中，常用的是有机胶结材料，它又分为气硬性胶结材料（石灰，石膏）和水硬性胶结材料（水泥）两大类。（×）

154. 水硬性胶结材料，是指只能在空气中硬化，并能长久保持强度或继续提高强度的材料。（×）

155. 气硬性胶结材料，是指不但能在空气中硬化，还能更好地在水中硬化且保持，继续增长其强度。（×）

156. 水泥呈粉末状，与适量水调和后形成可塑性浆体，能胶结其他材料成为整体。（√）

157. 在抹灰工程中常用的是硅酸盐水泥，普通硅酸盐水泥，矿渣硅酸盐水泥，火山灰质硅酸盐水泥和粉煤灰硅酸盐水泥。（√）

158. 水泥的强度等级是以它 7d 时的抗压强度为主要依据进行划分。分为 32. 5、32. 5R、42. 5、42. 5R、52. 5、52. 5R 等。（×）

159. 装饰水泥有白色硅酸盐水泥和彩色硅酸盐水泥两种。（√）

160. 装饰水泥的性能、施工和养护方法与一般水泥大不相同。（×）

161. 在抹灰过程中，主要使用生石灰，其呈白色块状，主要成分是氧化钙，含有少量氧化镁。（×）

162. 石灰吸水性，吸湿性强，在运输，保存过程中应特别注意防水防潮，存放期也不宜过长，一般最好不超过一个月。（√）

163. 建筑石膏与适当的水混合，最初成为可塑性的浆体，但很快失去塑性，并逐渐产生强度且不断增长，直到完全干燥

为止。(√)

164. 抹灰用砂最好是中砂，或者中砂与细砂混合掺用。(×)

165. 石粒习惯上用大八厘、中八厘、小八厘、米粒石来表示，但这种表示方法不符合统一长度名称，其中大八厘粒直径约为20mm。(×)

166. 聚乙烯醇缩甲醛胶（108胶），常用于聚合物砂浆喷涂、弹涂饰面，镶贴釉面砖或用于加气混凝土墙底面抹灰等。(√)

167. 纤维材料在抹灰饰面中起拉结和骨架作用，以提高抹灰层的抗拉强度，增强抹灰层的弹性和耐久性，使抹灰层不易裂缝脱落。(√)

168. 麻刀应均匀、坚韧、干燥、不含杂质。使用时将其剪成长200~300mm，敲打松散，即可使用。(×)

169. 纸筋灰储存时间越长越好，一般为半年以上。(×)

170. 砂浆的流动性也称稠度，是指砂浆在自重或外力作用下流动的性能。(√)

171. 当胶结材料和砂子一定时，砂浆的流动性主要取决于含水量。(√)

172. 砂浆的保水性指砂浆在搅拌后，运输到使用地点时，砂浆中各种材料分离快慢的性质。(√)

173. 要改善砂浆的保水性，除选择适当粒径的砂子外，主要是增加水泥的用量。(×)

174. 砂浆的强度以抗拉强度为主要指标。(×)

175. 不同强度等级的砂浆用不同数量的原材料拌制而成。(√)

176. 通常水泥砂浆适用于干燥环境。(×)

177. 通常水泥石灰混合砂浆适用于一般简易房屋。(×)

178. 各种材料必须要过秤，以保证准确的配合比。一般抹灰砂浆，通常以体积比进行。(√)

179. 砂浆拌制要随拌、随运、随用，不得积存过多，应控制在水泥终凝前用完。(×)

180. 釉面砖有白色、彩色、印花和图案等多种品种，釉面砖表面光滑、美观。(√)

181. 釉面稀释膨胀非常小，当胚体湿膨胀的程序增长到使釉面处于拉应力状态、应力超过釉的抗拉强度时，釉面发生开裂。(√)

182. 釉面砖按质量分为一、二、三、四级。(×)

183. 釉面砖为多孔的精陶坯体，在长期与空气的接触过程中，特别是在潮湿的环境中，会吸收大量水分而产生吸湿膨胀的现象。(√)

184. 白色釉面砖的特点是色纯白、釉面光亮，镶于墙面，清洁大方。(√)

185. 瓷砖画的特点：以各种釉面砖拼成各种瓷砖画，或根据已有画稿烧制釉面砖拼装成各种瓷砖画，清洁优美。(√)

186. 白色釉面砖长度允许偏差为 ±0.5cm，白色度不低于 87 度。(×)

187. 外墙面砖用于建筑外墙装饰的块状陶瓷建筑材料，制品分有轴、无釉两种。(√)

188. 地砖又称缸砖，不上釉，是由黏土烧成。颜色有红、绿、蓝等；形状有正方形六角形、八角形和叶片形等。(√)

189. 水抹子用于砂浆的防滑条捋光压实；而圆阳角抹子用于砂浆的搓平和压实。(×)

190. 铁抹子弹性大，比较薄，用于抹水泥砂浆面层及压光。(×)

191. 钢皮抹子用弹性好的钢皮制成，用于小面积或铁抹子伸不进去的地方抹灰或修理，以及门窗框嵌缝等。(×)

192. 薄钢板抹子用于砂浆的搓平和压实。(×)

193. 圆角阴角抹子用于室内阴角和水池明沟阴角压光。(√)

194. 八字靠尺（引条）用于做棱角的依据，长度按需截取。(√)

195. 抹灰工具常用钢制工具，用后要擦洗干净，以防生锈，也便于下次使用。各种工具用后要放好，不要乱扔乱放，防止丢失和损坏。(√)

196. 灰槽、灰桶等上下移动时要轻拿轻放，不要从跳板上往下扔。(√)

197. 建筑室内饰面主要有两方面的作用，即保证室内的使用要求、装饰要求。(×)

198. 楼地面的目的是为保护楼板和地坪，保证使用条件和装饰室内。(√)

199. 室内抹灰包括有顶棚、墙面、楼地面、踢脚板、墙裙、楼梯以及厨房、卫生间。(√)

200. 普通抹灰工序要求：分层找平、修整、表面压光。(√)

201. 特种砂浆抹灰分为保温砂浆、耐酸砂浆和防水砂浆。(√)

202. 抹灰底层主要起找平的作用，抹灰中层主要起与上下层连接作用；抹灰面层是起装饰作用。(×)

203. 顶棚抹灰基层为预制混凝土，其抹灰平均厚度为15mm。(×)

204. 内墙高级抹灰平均总厚度为20mm。(×)

205. 室外勒脚抹灰平均总厚度为20mm。(×)

206. 水泥砂浆各层抹灰经找平、压实后，每遍厚度宜为7～9mm。(×)

207. 装饰抹灰用砂浆每遍厚度应按设计要求进行。(√)

208. 如设计无要求时，外墙门窗洞口、屋檐、勒脚等，应选用水泥砂浆或水泥混合砂浆抹灰。(√)

209. 如设计无要求时，温度较高的房间和工厂车间，应选用水泥砂浆抹灰。(√)

210. 如设计无要求时，混凝土板、墙的底层抹灰，应选用水泥砂浆抹灰。(√)

211. 内墙普通抹灰平均总厚度应为25mm。(×)

212. 纸筋石灰和石灰膏抹灰，每遍厚度不应小于5～7mm。(×)

213. 抹灰前应对主体结构和水电、暖卫、燃气设备的预埋件，以及消防梯、雨水管管箍、泄水管、阳台栏杆、电线绝缘的托架等安装是否齐全和牢固，各种预埋件、木砖位置标高是否正确进行检查。(√)

214. 地（缸）砖具有质坚、耐磨、强度高、吸水率低、易洗涤等特点，一般用室外平台、阳台、厕所、走廊、厨房等地面装饰材料。(√)

215. 抹灰前应检查板条、苇箔或铺丝网吊顶是否牢固，标高是否正确。(√)

216. 使用砂浆搅拌机，加料时工具不能碰撞拌叶，但是可以在转动时把工具伸进料斗里扒浆。(×)

217. 基体表面的处理，如门窗框与立墙交接处应用水泥砂浆一次嵌塞密实。(×)

218. 抹灰前应浇水润墙，各种基体浇水程度与施工季节、气候和室内外操作环境有关，应根据实际情况酌情掌握。(√)

219. 在常温下进行外墙抹灰，墙体一定要浇两遍水，以防止底层灰的水分很快被墙面吸收，影响底层砂浆与墙面的粘结力。(√)

220. 为保证工程质量、安全生产及文明施工的要求，室内外抹灰应按施工方案规定的施工顺序安排施工，并以此来分别做好各项施工准备。(√)

221. 一般抹灰工程、普通抹灰和高级抹灰的施工操作工序大不相同。(×)

222. 抹灰等级的选定，以设计为准，以质量要求和主要工序作为划分抹灰等级的主要依据。(√)

223. 普通抹灰一般用在仓库、车库、地下室、锅炉房或高级建筑等。(×)

224. 抹灰饰面为使抹灰层与基体粘结牢固，防止起鼓开裂，并使抹灰面平整，保证工程质量，一般应分层涂抹，即底层、中层和面层。(√)

225. 根据基体材料不同，抹灰等级不同要求，规定抹灰层的平均厚度。(√)

226. 各种刷子及木制工具使用后要将粘结的砂浆清洗干净，并擦干放好。(√)

227. 木制工具在清洗后要堆放在室外通风处，尽快晒干，以防止变形。(×)

228. 一般抹灰的施工操作工序，以墙面为例：先进行基体处理、挂线、做标志块、标筋及门窗洞口做护角等；然后进行标挡、刮杠、槎平；最后做面层（亦称罩面）。(√)

229. 为保证墙面抹灰垂直平整、达到装饰目的，抹灰前必须找规矩。(√)

230. 内墙抹灰饰面找规矩做标志块，其间距一般为 2 ~ 3m 左右，凡在窗口、垛角处必须做标志块。(×)

231. 标筋也叫冲筋、出柱头，就是在上下两个标志块之间先抹出一长条梯形灰埂，其宽度为 50mm 左右，厚度与标志块相平，作为墙面抹灰填平的标志。(×)

232. 当层高小于 3.2m 时，一般先抹下面一步架，然后搭架子再抹上一步架。(√)

233. 麻刀石灰抹灰层每遍抹灰的厚度，不应大于 3mm。(√)

234. 面层抹灰俗称罩面，应在底子灰稍干后进行，底灰太湿会影响抹灰面平整，还可能出现咬色。(√)

235. 面层抹灰，若底灰太干，则易使面层脱水太快而影响粘结，造成面层空鼓。(√)

236. 纸筋石灰或麻刀石灰砂浆面层，一般应在中层砂浆 6 ~ 7

成干时进行（手按不软，但有指印），如底子灰过于干燥，应先洒水湿润。（√）

237. 混合砂浆面层搓平时，如砂浆太干，可边洒水边搓平，直至表面平整密实。（√）

238. 水泥砂浆面层压光时，压得太早容易引起面层空鼓，裂纹，压得太晚不易光滑。（×）

239. 石灰砂浆抹灰砖墙基体，分层做法：用1∶2∶8（石灰膏∶砂∶黏土）砂浆抹底、中层，用1∶2～2∶5 石灰砂浆面层压光，注意应待前一层7～8 成干后，方可涂抹后一层。（√）

240. 砖墙基体用1∶2.5 石灰砂浆抹底、中层，用木抹子搓平后，再用铁抹子压光，然后刮大白腻子两遍，砂纸打磨，总厚度为12mm。（×）

241. 砖墙基体，抹1∶1∶3∶5（水泥∶石灰膏∶砂∶木屑）水泥混合砂浆，分两遍成活，木抹子搓平，厚度宜为15～18mm，适用于有吸声要求的房间。（√）

242. 墙裙、踢脚板抹灰1∶3 水泥砂浆底层，厚度为5～7mm；1∶3 水泥砂浆抹中层，厚度为5～7mm，1∶2.5 或1∶2 水泥砂浆罩面，厚度为5mm。要求应待前一层抹灰层凝结后，方可抹第二层。（√）

243. 混凝土基体用1∶0.3∶3 比例的水泥石灰砂浆抹底、中层，其厚度分别大于7～9mm。（×）

244. 混凝土大板或大模板建筑内墙基体，用聚合物水泥砂浆或水泥混合砂浆喷毛底，厚度为7～9mm，用纸筋石灰或麻刀石灰罩面，厚度为7～9mm。（×）

245. 内墙抹灰分层每层抹灰厚度应控制在5mm。（×）

246. 为了增加墙面的美观，避免罩面砂浆收缩后产生裂纹，一般均需要粘分格条，设分格线。（√）

247. 预制混凝土楼板顶棚抹灰，用1∶0.3∶6 水泥纸筋灰砂浆抹底层、中层灰，厚度为5mm；用1∶0.2∶6 水泥细纸筋灰罩面压光，厚度为7mm。（×）

248. 预制混凝土楼板顶棚抹灰，用1∶1 水泥砂浆（加水泥重量2%的聚醋酸乙烯溶液）抹底层，厚度为6mm；用1∶3∶9 水泥石灰砂浆抹中层，厚度为2mm；用纸筋灰罩面，厚度为2mm底层抹灰需养护2～3d后，再做找平层。(×)

249. 顶棚抹灰易出现抹灰层空鼓和裂纹，其原因基层清理不干净，一次抹灰过厚，没有分层赶平，一般每遍抹灰应控制在10mm内。(×)

250. 多线条灰线一般指有五条以上凹槽较深、形状不一定相同的灰线。常用于高级装修房间。(×)

251. 抹灰线一般分四道灰，头道灰是粘结层，用1∶1∶1 = 水泥∶石灰膏∶砂的水泥混合砂浆，薄薄抹一层。(√)

252. 抹灰线最后一道灰是罩面灰，分两遍抹成，用细纸筋灰（或石膏），厚度不超过2mm。(√)

253. 抹灰线工具死模是用硬木按照施工图样的设计灰线要求制成，并在模口包镀锌薄钢板。(√)

254. 方柱、圆柱出口线角一般不用模型，使用水泥混合砂浆或石灰膏砂浆里掺石膏抹出线角。(√)

255. PDCA循环是一种动态循环。(√)

256. 边角棱方正顺直，线条清晰，出口线角平直，并与顶棚或梁的接头处理好，看不出接槎。(√)

257. 圆柱抹出口线角，应根据设计要求按圆柱出口线角的形状、厚度和尺寸大小，制作圆形样板。(√)

258. 室内灰线抹灰、墙面、顶棚找规矩基本与一般抹灰找规矩有些不同。(×)

259. 抹灰前应检查门窗框及其他木制品是否安装齐全并校正后固定，是否预留抹灰层厚，门窗口高低是否符合室内水平线标高。(√)

260. 抹灰等级的选定，以设计为准，以质量要求和主要工序作为划分抹灰等级的主要依据。(√)

261. 平整光滑的混凝土表面如设计无要求时，可不抹灰，

而用刮腻子处理。否则应进行凿毛，方可抹灰。(√)

262. 抹灰前对基体要进行浇水润墙。各种基体浇水程度。与施工季节、气候和室内外操作环境有关，应根据实际情况酌情掌握。(√)

263. 抹灰前基体的表面应认真处理，如基体表面的灰尘、污垢、油渍、碱膜、沥青渍、粘结砂浆均应清除干净。(√)

264. 室外抹灰和饰面工程的施工，一般应自下而上进行。高层建筑如采取措施后，可以分段进行。(×)

265. 室内抹灰通常应在屋面防水工程完工后进行。如果要在屋面防水工程完工前抹灰，应采取可靠的防护措施，以免使抹灰成品遭到水冲雨淋。(√)

266. 抹灰工程的施工，必须在结构或基体质量检验合格，并具备不被后继工程所损坏和玷污条件下方可进行。(√)

267. 设计有规定，门窗洞口就需要做护角。护角做好后，可起到标筋作用。如无规定则不需要做护角。(×)

268. 内墙抹灰饰面做标志块，用底层抹灰砂浆，即 1:3 水泥砂浆或 1:3:9 水泥混合砂浆。(√)

269. 抹底层灰时，一般由上而下，抹子贴紧墙面用力要均匀，使砂浆与墙面粘结牢固。(√)

270. 一般情况下，标筋抹完就可以装挡刮平。但要注意，如果标筋太软，容易将标筋刮坏产生凹凸现象；如果标筋硬化后再刮，墙面砂浆和标筋收缩不一致，则又会出现标筋高于墙面成分离现象。(√)

271. 高级抹灰要求阴阳角都要找方，阴阳角两边都要弹基线。(√)

272. 纸筋石灰或麻刀石灰砂浆面层抹灰，通常由阴角或阳角开始，自左向右进行，两人配合，一人先竖向抹薄一层，使纸筋与中层紧密结合；另一个横向抹第二层，并要压平溜光。(√)

273. 石灰砂浆面层操作时，一般先用铁抹子抹灰，再用刮尺由下向上刮平，然后用木抹子搓平，最后用铁抹子压光成活。

274. 混合砂浆面层，一般采用 1∶2.5 水泥石灰砂浆，厚度 5～8mm，先用铁抹子罩面，再用刮尺刮平，找直。(√)

275. 水泥砂浆面层压光时，用力要适中，遍数不宜过多，但不得少于两遍。罩面次日应进行洒水养护。(√)

276. 石灰砂浆抹灰：砖墙基体，分层做法是用比例为 1∶3 的石灰砂浆抹底层，厚度为 7mm；用 1∶3 石灰砂浆抹中层，厚度为 7mm；用 1∶1 石灰木屑抹面，厚度为 10mm。(√)

277. 纸筋石灰或麻刀石灰抹灰，适用范围为混凝土大板或大模板建筑外墙基体。(×)

278. 纸筋石灰或麻刀石灰抹灰，分层做法是聚合物水泥砂浆或水泥混合砂浆喷毛打底，厚度为 1～3mm，纸筋石灰或麻刀石灰罩面，厚度为 2～3mm。(√)

279. 纸筋石灰或麻刀石灰抹灰，适用范围是加气混凝土砌块或条板基体。分层做法，用比例为 1∶3∶9 的水泥石灰砂浆抹底层，厚度为 3mm；1∶3 石灰砂浆抹中层，厚度为 7～9mm；最后用纸筋石灰或麻刀石灰罩面，厚度为 2～3mm。(√)

280. 内墙面抹灰要挂线做标志块、标筋，而外墙面抹灰不需要。(×)

281. 竖向分割线用线坠或经纬仪校正垂直；横线要以水平线为依据校正其水平。(√)

282. 分格条因本身水分蒸发而收缩，也比较容易起出，又能使分格条两侧的灰口整齐。(√)

283. 当天抹面的分格条，两侧八字形斜角抹成60°；当天不抹面的隔夜条两侧八字形斜角应抹的陡一些，呈45°。(×)

284. 面层抹灰与分隔条齐平，然后按分隔条厚度刮平，并将分隔条表面的余灰清除干净、搓实。(√)

285. 如果饰面层较薄时，墙面分格条不能采用粘布条法或划线法。(×)

286. 水平分格条一般黏在水平线下边；竖向分格条一般粘

在垂直线左侧。(√)

287. 地面分格。当地面面积较大，设计要求分格时，应根据地面分格线的位置和尺寸，在墙上或踢脚板上画好分格线位置。(√)

288. 灰线有简单灰线，就是抹出 1 ~2 条简单线条。(√)

289. 抹灰线一般分为四道灰。第二道灰时垫底灰，用配合比为水泥: 石灰膏: 砂子 =1:1:4 的水泥混合砂浆，略掺麻刀，厚度随灰线尺度而定，要分几遍抹成。(√)

290. 喷涂装饰抹灰，使用普通水泥的强度等级应不低于 32.5 级。(×)

291. 拉毛灰的底、中层抹灰找平要根据基体的不同以及拉毛灰种类不同，而采取不同的底、中层砂浆。(√)

292. 中层砂浆涂抹后先刮平，再用木抹子搓毛。待中层砂浆 6 ~7 成干时，然后涂抹面层进行拉毛。(√)

293. 拉毛灰用料，应根据设计要求统一配制，直接进行大面积施工。(×)

294. 全面质量管理的核心是加强对产品质量的检查。(×)

295. 组织管理科学化也是建筑工业化的内容之一。(√)

296. 文明施工，按操作规定施工也是建筑工人职业道德的具体表现。(√)

297. 全面质量管理是全过程的质量管理。(√)

298. 质量检验中保证项目是保证工程安全或使用功能的重要检验项目。(√)

299. 职业道德首先是人们在从事一定正当的职业工作中，要遵循的特定的职业行为规范。(√)

300. 白色釉面砖长方形长边圆的规格为长 152mm，宽 70mm，厚 5mm，圆弧半径 8mm。(×)

1.2 选择题

1. 为了能清晰地表达出物体内部构造，假想用一个剖面将物体切开，并移去剖切前面的部分，然后做出剖切面后面部分的投影图，这种投影图成为<u>A</u>。

A. 剖面图　B. 平面图　C. 详图　D. 立面图

2. 施工中对材料质量发生怀疑时应<u>C</u>，合格后方可使用。

A. 全数检查　B. 分部检查　C. 抽样检查　D. 系统检查

3. 按使用要求及装饰效果不同，抹灰工程可分为一般抹灰、装饰抹灰和<u>C</u>。

A. 普通抹灰　B. 中级抹灰

C. 特种砂浆抹灰　D. 高级抹灰

4. 1kg 生石灰可化成<u>D</u>L 石灰膏。

A. 0. 5 ~1　B. 1 ~1. 5　C. 3 ~4　D. 1. 5 ~3

5. 建筑石膏<u>B</u>，相对密度 2. 60 ~2. 75，疏松密度为 800 ~1000kg/m^3。

A. 色黑　B. 色白　C. 色黄　D. 色灰

6. <u>C</u>具有良好的粘结能力，硬化时析出的硅酸盐凝胶能堵塞毛细孔，防止水分渗透。

A. 石膏　B. 石灰膏　C. 水玻璃　D. 水泥

7. 菱苦土是用菱镁矿（主要成分为碳酸镁），经<u>B</u>煅烧磨细而制成的白色或浅黄色粉末，其主要成分为氧化镁，属镁质胶凝材料。

A. 400 ~750℃　B. 750 ~850℃

C. 500 ~750℃　D. 850 ~950℃

8. 抹灰施工材料中，砂应选用<u>B</u>砂。

A. 细　B. 中　C. 粗　D. 特粗

9. 砂子验收时，每一验收批取试样一组，砂重量为<u>C</u>kg。

A. 10　B. 15　C. 22　D. 28

10. 纤维材料中麻刀的长度_D_ 30mm。

A. 小于　　B. 等于　　C. 大于　　D. 不大于

11. 建筑物处于受酸侵蚀的环境中时，要使用_B_好的颜料掺入到抹灰砂浆中。

A. 耐碱性　　B. 耐酸性　　C. 耐光性　　D. 耐火性

12. _A_是混凝土常用的减水剂之一，能使水泥水化时产生的氢氧化钙均匀分散，并有减轻析出于表面的趋势，在常温下抹灰施工时能有效地克服面层颜色不均匀的现象。

A. 木质素磺酸钙　　B. 甲基硅醇钠

C. 羟甲基纤维素　　D. 六偏磷酸钙

13. 在施工中,如发现水刷石墙面的表面水泥浆已经结硬,洗刷困难时,可采用_A_溶液洗刷,然后用清水冲洗,以免发黄。

A. 5%的稀盐酸　　B. 5%的稀硫酸

C. 6%的稀盐酸　　D. 6%的稀硫酸

14. 水刷石施工前，墙面应根据图纸要求弹线分格、粘分格条，分格条宜采用红松制作，粘前应用水充分浸透，粘时在分格条两侧用素水泥浆抹成_B_八字坡形。

A. 60°　　B. 45°　　C. 90°　　D. 30°

15. 斩假石施工，抹完面层后须采取_C_措施，浇水养护

A. 防水　　B. 防腐　　C. 防晒　　D. 防冻

16. 斩假石施工时，墙角、柱子边棱，宜横剁出边缘横斩纹或留出窄小边条（从边口进_D_mm）不剁。

A. 10~30　　B. 10~20　　C. 40~50　　D. 30~40

17. 干粘石面层施工时，粘结层砂浆的厚度宜为石渣粒径的_B_倍，一般是4~6mm。

A. 0.5~1.0　　B. 1.0~1.2　　C. 1.2~1.5　　D. 0.5~1.5

18. 干粘石的面层施工后应加强养护，在_D_h后，应洒水养护2~3d。

A. 3　　B. 7　　C. 12　　D. 24

19. 抹灰施工时堵缝工作要作为一道工序安排专人负责，门

窗框安装位置准确牢固，用<u>A</u>水泥砂浆将缝隙塞严。

A. 1∶3　　B. 1∶2.5　　C. 1∶2　　D. 1∶1.5

20. 清水墙面勾缝所用水泥为<u>A</u>普通水泥或矿渣水泥。

A. 32.5　　B. 42.5　　C. 52.5　　D. 62.5

21. 为了防止砂浆早期脱水，在勾缝前<u>C</u>应将砖墙浇水润湿，勾缝时再适量浇水，但不宜太湿。

A. 2d　　B. 3d　　C. 1d　　D. 半天

22. 喷涂装饰比普通水泥装饰面性能有所改善，但它还是以普通水泥为主，故它只适用于<u>B</u>。

A. 民用与工业建筑内墙　　B. 民用与工业建筑外墙

C. 民用与农业建筑外墙　　D. 民用与农业建筑内墙

23. 弹涂时的色点未干，就用甲基硅树脂罩面，会将湿气封闭在内，诱发水泥水化时析出白色的<u>A</u>，即为析白。

A. 氧化钙　　B. 氢氧化镁　　C. 氧化钙　　D. 碳酸钙

24. 在顶棚抹灰时，脚手板的板距，不大于<u>B</u>m。

A. 0.2　　B. 0.5　　C. 0.8　　D. 1

25. 外墙贴面砖时，不得有<u>D</u>非整砖。

A. 三行以上　　B. 两行以上　　C. 一行以上　　D. 一行

26. 108 胶在使用时，其掺量不宜超过水泥总重量的<u>C</u>。

A. 20%　　B. 30%　　C. 40%　　D. 50%

27. 水刷石结合层素水泥浆水灰比采用<u>B</u>。

A. 0.30 ~ 0.35　　B. 0.37 ~ 0.40

C. 0.42 ~ 0.45　　D. 0.47 ~ 0.50

28. 室外抹灰粘贴分格条前，应提前<u>A</u>将分格条放在水中浸透。

A. 1d　　B. 2d　　C. 1h　　D. 2h

29. 全面质量管理，PPCA 工作方法，P 是指<u>C</u>。

A. 检查　B. 实施　C. 计划　D. 总结

30. 基层为混凝土时，抹灰前应先刮<u>A</u>一道。

A. 素水泥浆　B. 108 胶水溶液　C. 108 胶　D. 以上都可以

31. 室内抹灰使用的高凳，必须搭设牢固。高凳跳板跨度不准超过_C_。

A. 0.5m B. 1.5m C. 2m D. 2.5m

32. 熟石灰是由生石灰消解而成，其主要成分是_C_。

A. 氧化镁 B. 氧化钙 C. 氢氧化钙 D. 碳酸钙

33. 室外抹灰分格线应用_C_勾嵌。

A. 混合砂浆 B. 石灰砂浆 C. 水泥浆 D. 石膏灰

34. 砂浆搅拌机一级保养指已经使用_B_的保养。

A. 70h B. 80h C. 90h D. 100h

35. 抹灰上料时，推小车运料一律推行，坡道行车前后距离不小于_C_m。

A. 5 B. 8 C. 10 D. 12

36. 石灰膏熟化时间一般不少于_C_d。

A. 5 B. 10 C. 15 D. 20

37. 室外抹灰时，脚手板要满铺，最窄不得超过_B_板子。

A. 两块 B. 三块 C. 四块 D. 五块

38. 冷做法抹灰施工，砂浆稠度不宜超过_B_cm。

A. 2~3 B. 4~5 C. 6~7 D. 7~8

39. 水磨石石渣采用大八厘，选用配合比是_A_。

A. 1∶2 B. 1∶1.5 C. 1∶3 D. 1∶1.25

40. 下列施工方法属于冷做法施工的是_D_。

A. 氯盐法 B. 氯化砂浆法 C. 亚硝酸钠法 D. 以上都是

41. 冬期施工，抹灰时砂浆温度不宜低于_C_。

A. -5℃ B. 0℃ C. 5℃ D. 10℃

42. 一般民用建筑铝合金门窗与墙之间的缝隙不得用_D_填塞。

A. 麻刀 B. 密封 C. 木条 D. 水泥砂浆

43. 当室外气温为20~30℃时，水磨石机磨一般要_B_d以后才可以进行。

A. 1~2 B. 2~3 C. 3~4 D. 4~5

44. 对于密实不吸水基层，抹灰砂浆流动性应选择<u>B</u>。

A. 大些　B. 小些　C. 大、小都可以　D. 与基层无关

45. 抹灰层的平均总厚度，按规范要求，外墙为<u>B</u>mm。

A. 18　B. 20　C. 25　D. 30

46. 当顶棚抹灰高度超过<u>D</u>m 时，抹灰脚手架要由架子工搭设。

A. 3.0　B. 3.2　C. 3.4　D. 3.6

47. 抹灰时站在高凳搭设的脚手板上操作时，人员不得超过<u>A</u>人。

A. 2　B. 3　C. 4　D. 5

48. 抹灰的阴、阳角方正用 20cm 方尺检查时，中级抹灰时的允许偏差<u>C</u>mm。

A. 2　B. 3　C. 4　D. 5

49. 机械喷灰施工时，所用粉煤灰的等级为<u>C</u>级。

A. Ⅰ　B. Ⅱ　C. Ⅲ　D. Ⅳ

50. 涂抹石灰砂浆每遍厚度宜为<u>B</u>mm。

A. 5~7　B. 7~9　C. 9~11　D. 11~13

51. 水磨石地面，表面平整，质量允许偏差<u>B</u>mm。

A. 2　B. 3　C. 4　D. 5

52. 出厂砖要有出厂证明，砖块的长、宽允许偏差不得超过<u>B</u>mm。

A. 0.5　B. 1　C. 1.5　D. 2

53. 室内墙面、门窗洞口护角，应用水泥砂浆抹平，高度不应低于<u>C</u>m。

A. 1　B. 1.5　C. 2　D. 2.5

54. 窗台抹灰的操作工艺顺序是<u>B</u>。

A. 平面、侧面、立面、底面　B. 立面、平面、底面、侧面

C. 立面、侧面、平面、底面　D. 平面、底面、立面、侧面

55. 材料在绝对密实状态下，单位体积的质量称为<u>C</u>。

A. 容重　B. 密实度　C. 密度　D. 空隙率

56. 罩面石膏灰，宜控制在__C__min 内凝结。

A. 5 ~ 10　B. 10 ~ 15　C. 15 ~ 20　D. 20 ~ 25

57. 石灰膏用于罩面灰时，熟化时间不应少于__D__d。

A. 15　B. 20　C. 25　D. 30

58. 抹灰面层用纸筋灰、石膏灰等罩面时，经赶平、压实，其厚度一般不大于__A__mm。

A. 2　B. 3　C. 4　D. 5

59. 用死模抹墙角灰线，在抹罩面灰时，应__A__。

A. 将模往前推　B. 将模往后推

C. 将模往前往后结合进行　D. 根据情况不同选择

60. 顶棚抹灰产生气泡的主要原因是__B__。

A. 底子灰太干　B. 灰浆没有收水

C. 石灰质量不符合要求　D. 以上都有可能

61. 地面铺设细石混凝土，宜在找平层的混凝土或水泥砂浆抗压强度达到__C__MPa 以后方可在上做中间层。

A. 0. 5　B. 0. 8　C. 1. 2　D. 1. 5

62. 普通抹灰施工环境温度应用__C__以上。

A. -5℃　B. 0℃　C. 5℃　D. 10℃

63. 水泥抹制砂浆，应该制在__A__用完。

A. 初凝前　B. 初凝后　C. 终凝前　D. 终凝后

64. 抹楼梯防滑条时，要比楼梯踏步面__A__。

A. 高 3 ~ 4mm　B. 高 10mm

C. 低 1 ~ 2mm　D. 低 3 ~ 4mm

65. "▲"__D__。

A. 表示建筑物标高　B. 表示绝对标高

C. 剖切符号　D. 只是三角形符号

66. 开刀是用来__A__用的。

A. 陶瓷锦砖拔缝　B. 剖板　C. 砌砖　D. 切石膏板

67. 采用石膏抹灰时，石膏灰中不得掺用__C__。

A. 牛皮胶　B. 硼砂　C. 氯盐　D. 108 胶

68. 涂抹水泥砂浆每遍厚度为 A 。

A. 5 ~ 7mm　　B. 7 ~ 9mm　　C. 9 ~ 11mm　　D. 11 ~ 13mm

69. 外墙窗台滴水槽的深度不应小于 C 。

A. 6mm　　B. 8mm　　C. 10mm　　D. 12mm

70. 砂的质量要求颗粒坚硬洁净，含泥量不超过 C 。

A. 1%　　B. 2%　　C. 3%　　D. 4%

71. 菱苦土是 C 。

A. 一种黏土　　B. 一种砂粒

C. 一种胶凝材料　　D. 一种石粒

72. 抹灰的阴、阳角方正用 20cm 方尺检查时，普通抹灰允许偏差 C 。

A. 2mm　　B. 3mm　　C. 4mm　　D. 5mm

73. 建筑石膏特点具有 B 。

A. 密度较大　　B. 导热性较低

C. 耐水性好　　D. 抗冻性好

74. 甲基硅醇钠是一种 D 。

A. 减水剂　　B. 缓凝剂　　C. 速凝剂　　D. 憎水剂

75. 水磨石地面，使用未清洗过的石子，质量通病是 C 。

A. 空鼓　　B. 裂缝　　C. 表面浑浊　　D. 石子不均

76. 高处作业，当有 C 以上应停止作业。

A. 四级风　　B. 五级风　　C. 六级风　　D. 七级风

77. 屋面板代号是 B 。

A. KD　　B. WB　　C. YB　　D. ZB

78. 用 1∶50 比例，实际尺寸 20m，纸图上尺寸是 D 。

A. 10cm　　B. 20cm　　C. 30cm　　D. 40cm

79. 砖墙砌体，构造一般设有混凝土防潮层，它一般设置在室内地面以下 C 。

A. 1 ~ 2cm　　B. 3 ~ 4cm　　C. 5 ~ 6cm　　D. 7 ~ 8cm

80. 下面属于有机胶凝材料的是 A 。

A. 石油沥青　　B. 石膏　　C. 水玻璃　　D. 水泥

81. 抹灰用的砂子为 B 混合使用。

A. 粗砂、中砂和粗砂　　B. 细砂、中砂和粗砂

C. 细砂、细砂和中砂　　D. 中砂、中砂和细砂

82. 大八厘、中八厘、小八厘石渣的粒径分别约是 A mm。

A. 8、6、4　B. 10、8、6　C. 12、8、6　D. 15、10、5

83. 当室外气温为20~30℃时，水磨石面层机磨一般要 C 以后才可以开磨。

A. 1~2d　B. 2~3d　C. 3~4d　D. 4~5d

84. 内墙面抹灰，普通抹灰表面平整度允许偏差 C 。

A. 2mm　B. 3mm　C. 4mm　D. 5mm

85. D 的早期强度高。

A. 矿渣水泥　　B. 粉煤灰水泥

C. 火山灰水泥　　D. 普通水泥

86. 阳台、屋顶的平面与立面交接处的阳角，抹灰时抹成 C 。

A. 直角　B. 锐角　C. 圆弧形　D. 三角形

87. 楼梯踏步防滑条要用 A 。

A. 1∶1.5 水泥金刚砂砂浆　　B. 1∶3 水泥砂浆

C. 重晶石砂浆　　D. 1∶3.5 水泥金刚砂砂浆

88. 国家控制水泥体积的安定性，规定水泥熟料中游离氧化镁含量不得超过 A 。

A. 5%　B. 7%　C. 9%　D. 11%

89. 水泥的终凝指水泥 C 时间。

A. 开始凝结　　B. 开始硬化

C. 开始产生强度　　D. 完全硬化

90. 对于密实、不吸水的基层，抹灰砂浆流动性应选择 B 。

A. 大些　B. 小些　C. 稍大些　D. 稍小些

91. 水磨石石渣浆，采用大、中、小八厘混合，选用配合比是 B 。

A. 1∶1　B. 1∶1.5　C. 1∶2　D. 1∶3

92. 抹灰层灰饼厚度一般不应低于 B 。

A. 5mm　　B. 7mm　　C. 9mm　　D. 10mm

93. 水刷石表面平整、质量允许偏差为 C 。

A. 2mm　　B. 3mm　　C. 4mm　　D. 5mm

94. 六偏磷酸钠是 B 。

A. 缓凝剂　　B. 分散剂　　C. 防水剂　　D. 速凝剂

95. 一般抹灰包括 D 。

A. 水泥砂浆　　B. 膨胀珍珠岩水泥砂浆

C. 聚合物水泥砂浆　　D. 以上都是

96. 抹灰层的平均总厚度，按规范要求，普通抹灰为 B 。

A. 18mm　　B. 20mm　　C. 25mm　　D. 30mm

97. 木质素硫酸钙是 B 。

A. 速凝剂　　B. 减水剂　　C. 缓凝剂　　D. 防水剂

98. 抹灰工程是属于 C 。

A. 单项工程　B. 分项工程　C. 子分部工程　D. 单位工程

99. 水刷石结合层素水泥浆水灰比采用 B 。

A. 0. 30 ~ 0. 35　　B. 0. 37 ~ 0. 40

C. 0. 42 ~ 0. 45　　D. 0. 47 ~ 0. 50

100. 粘贴分格条一般采用 B 当分隔条。

A. 胶布　　B. 木料条　　C. 水泥砂浆　　D. 混合砂浆

101. 普通抹灰，立面要垂直，质量允许偏差 C 。

A. 2mm　　B. 3mm　　C. 4mm　　D. 5mm

102. 1kgf/cm^2 等于 A 。

A. 0. 0981MPa　　B. 9. 81MPa

C. 10. 2MPa　　D. 0. 102 × 10MPa

103. 槽型板的代号是 C 。

A. ZB　　B. YB　　C. CB　　D. DB

104. 基础的埋置深度超过 B 时，称深基础。

A. 4m　　B. 5m　　C. 6m　　D. 7m

105. 抹灰层灰饼厚度一般不超过 B 。

A. 20mm　　B. 25mm　　C. 30mm　　D. 35mm

106. 大理石、釉面砖属于<u>A</u>材料。

A. 脆性　　B. 韧性　　C. 弹性　　D. 以上都是

107. 普通水泥保管要注意防水、防潮、堆垛高度一般不超过<u>B</u>。

A. 6~8袋　B. 10~12袋　C. 14~16袋　D. 18~20袋

108. 石英砂在抹灰工程中经常用于配制<u>D</u>。

A. 防水砂浆　B. 耐热砂浆　C. 保温砂浆　D. 耐腐蚀砂浆

109. 在干热气候中，抹灰砂浆流动性应选择<u>A</u>。

A. 大些　　B. 小些　　C. 稍大些　　D. 稍小些

110. 水泥砂浆地面，砂浆稠度不应大于<u>A</u>。

A. 3.5cm　　B. 4.5cm　　C. 5cm　　D. 6cm

111. 砂浆中放入六偏磷酸钠，一般掺入量为水泥用量的<u>A</u>。

A. 1%　　B. 3%　　C. 5%　　D. 7%

112. 外墙台滴水槽的深度不小于<u>C</u>。

A. 6mm　　B. 8mm　　C. 10mm　　D. 12mm

113. 罩面石灰膏，宜控制在<u>C</u>内凝结。

A. 5~10mm　B. 10~15mm　C. 15~20mm　D. 20~25mm

114. 镶贴釉面砖，为了改善砂浆的和易性，可掺入不大于水泥重量<u>D</u>石灰膏。

A. 5%　　B. 10%　　C. 12%　　D. 15%

115. 一般民用建筑中，属于承重构件的是<u>D</u>。

A. 基础　　B. 砖墙　　C. 楼梯　　D. 以上都是

116. 室内踢脚线厚度，一般要比罩面凸出<u>A</u>。

A. 5mm　　B. 10mm　　C. 12mm　　D. 15mm

117. 室内抹灰使用的高凳，必须搭设牢固。高凳跳板跨度不准超过<u>C</u>。

A. 0.5m　　B. 1.5m　　C. 2m　　D. 2.5m

118. 水磨石面层一般采用<u>D</u>法。这样面层上洞眼可基本消除。

A. 一浆二磨　B. 一磨二浆　C. 二浆二磨　D. 二浆三磨

119. 装饰抹灰包括 D 。

A. 假面砖　B. 喷涂、滚涂　C. 斩假石　D. 以上都是

120. 常用构件代号，如空心板代号为 A 。

A. KB　B. WB　C. CB　D. MB

121. 抹灰层平均总厚度，按规范要求，高级抹灰为 C 。

A. 18mm　B. 20mm　C. 25mm　D. 30mm

122. 常用构件代号，如屋面梁的代号为 A 。

A. WL　B. DL　C. QL　D. GL

123. 在加气混凝土或粉煤灰砌砖块基层抹石砂浆时，应先刷 B 。

A. 素水泥浆　B. 乳胶水溶液

C. 108 胶水泥浆　D. 108 胶

124. 水刷石表面已结硬，可使用 A 溶液洗刷，然后用清水冲洗。

A. 5% 稀盐酸　B. 10% 稀盐酸

C. 5% 稀硫酸　D. 10% 稀硫酸

125. 刷假石，水泥石屑比例一般采用 B 。

A. 1∶0.5　B. 1∶1.25　C. 1∶3　D. 1∶5

126. 高级抹灰，立面要垂直，质量允许偏差 B 。

A. 2mm　B. 3mm　C. 4mm　D. 5mm

127. 1MPa 等于 C 。

A. 1000Pa　B. 100000Pa　C. 1000000Pa　D. 1000000000Pa

128. 连续梁的代号是 D 。

A. QL　B. WL　C. GL　D. LL

129. 一栋 50m 长的房屋用 1∶100 比例绘制的，图纸上尺寸是 D mm。

A. 50　B. 100　C. 250　D. 500

130. 孔隙率大的材料，其 D 。

A. 密度大　B. 密度小　C. 密实度大　D. 密实度小

131. 水磨石石渣浆采用中小八厘混合，选用配合比是 D 。

A. 1∶2　　B. 1∶1.5　　C. 1∶2.5　　D. 1∶1.25

132. 水泥贮存期不宜长过，一般条件下，三个月强度约降低<u>B</u>。

A. 6%～10%　　B. 10%～20%

C. 20%～25%　　D. 25%～30%

133. 地面做水泥砂浆，水泥砂浆强度等级应大于<u>B</u>。

A. 22.5MPa　　B. 32.5MPa　　C. 42.5MPa　　D. 52.5MPa

134. 石灰膏用于罩面灰时，熟化时间不应少于<u>D</u>。

A. 15d　　B. 20d　　C. 25d　　D. 30d

135. 普通抹灰，阴阳角垂直，质量允许偏差<u>C</u>。

A. 2mm　　B. 3mm　　C. 4mm　　D. 5mm

136. 水磨石地面，面层石子浆稠度一般选用<u>B</u>。

A. 3.5mm　　B. 6mm　　C. 8mm　　D. 10mm

137. 熟石灰是由生石灰消解而成，其主要成分是<u>C</u>。

A. 氧化镁　　B. 氧化钙　　C. 氢氧化钙　　D. 石灰酸钙

138. 下面可作为缓凝剂的材料是<u>D</u>。

A. 硼砂　　B. 亚硝酸盐酒精废渣

C. 石灰浆　　D. 以上都可以

139. 外墙面抹灰，砖混节后全高超过10cm，垂直度允许偏差<u>D</u>。

A. 5mm　　B. 10mm　　C. 15mm　　D. 20mm

140. 顶棚抹灰产生起泡的主要原因是<u>B</u>。

A. 底子灰太干　　B. 灰浆没有收水

C. 石灰质量　　D. 以上都可以

141. 抹灰线时，接角尺用硬木制成可用来<u>D</u>。

A. 接阴角　　B. 接阳角　　C. 整修灰线　　D. 以上都可以

142. 距地面<u>A</u>的作业就视为高处作业。

A. 2m以上　　B. 3m以上　　C. 4m以上　　D. 5m以上

143. 室外抹灰时，脚手板要满铺，最窄不得超过<u>B</u>。

A. 两块板子　　B. 三块板子　　C. 四块板子　　D. 五块板子

144. 抹灰层平均总厚度，按规范要求，外墙为<u>B</u>。

A. 18mm　B. 20mm　C. 25mm　D. 30mm

145. 抹灰面层用纸筋灰、石膏灰等罩面时，赶平、压实，其厚度一般不大于<u>A</u>。

A. 2mm　B. 3mm　C. 4mm　D. 5mm

146. 水泥砂浆面层操作，其表面压光不得少于<u>C</u>遍。

A. 1　B. 2　C. 3　D. 4

147. 水刷石装饰抹灰，为了协调石子颜色和气候条件，可在水泥石渣浆中掺不超过水用量<u>C</u>的石膏。

A. 10%　B. 15%　C. 20%　D. 25%

148. 1Pa 等于<u>C</u>。

A. 1.02×10^{-3}kgf/cm^2　B. 1.02×10^{-4}kgf/cm^2

C. 1.02×10^{-5}kgf/cm^2　D. 1.02×10^{-6}kgf/cm^2

149. 基础代号<u>B</u>。

A. I　B. J　C. W　D. ZH

150. 室外抹灰分格应用<u>C</u>勾嵌。

A. 混合砂浆　B. 石灰砂浆　C. 水泥浆　D. 石灰膏

151. 砂浆搅拌机使用 700h 以后，要进行<u>B</u>保养。

A. 一级　B. 二级　C. 三级　D. 四级

152. 底面铺设细石混凝土，宜在找平层的混凝土或水泥砂浆抗压强度达到<u>C</u>以后方可在上做间层。

A. 0.5MPa　B. 0.8MPa　C. 1.2MPa　D. 1.5MPa

153. 水泥砂浆地面，面层压光工作应在<u>C</u>完成。

A. 初凝前　B. 初凝后　C. 终凝前　D. 终凝后

154. 建筑石膏的主要成分是<u>D</u>。

A. 全水石膏　B. 二水石膏　C. 无水石膏　D. 半水石膏

155. 甲基硅醇钠防水剂，使用时要用清水稀释，要求稀释后<u>A</u>内用完。

A. 1 ~ 2d　B. 3 ~ 4d　C. 5 ~ 6d　D. 7 ~ 8d

156. 室外抹灰粘贴分格条前，应<u>A</u>将分格条放在水中浸透。

A. 提前1d　　B. 提前2d　　C. 提前3d　　D. 提前4d

157. 外墙面抹灰，砖混结构面不大于10cm，垂直度允许偏差<u>B</u>。

A. 5mm　　B. 10mm　　C. 15mm　　D. 20mm

158. 当顶棚抹灰高度不超过<u>D</u>时，抹灰脚手可自行搭设。

A. 3.0m　　B. 3.2m　　C. 3.4m　　D. 3.6m

159. 用死模抹墙角灰线，在抹罩面灰时，应<u>A</u>。

A. 将模往前推　　B. 将模往后推

C. 将模往前往后结合进行　　D. 根据情况不同选择

160. 在地面抹水泥砂浆前，应进行清理，如楼板面有油污时，应用<u>D</u>清洗干净，然后用清水冲洗。

A. 草酸　　B. 盐酸　　C. 硝酸　　D. 火碱溶液

161. 外墙面做水刷石，如基层是混凝土，处理方法是<u>D</u>。

A. 表面凿毛　　B. 喷或刷一遍1∶1水泥砂浆

C. 界面剂处理　　D. 以上都可以

162. 水刷石表面脏，颜色不一致原因是<u>B</u>。

A. 表面没有抹平压实　　B. 原材料没有一次配齐

C. 配合比不准确　　D. 以上都是

163. 出厂砖要有出厂证明，砖块的长、宽允许偏差不得超过<u>B</u>。

A. 0.5mm　　B. 1mm　　C. 1.5mm　　D. 2mm

164. 冷作抹灰方法有<u>D</u>。

A. 氯盐法　B. 氯化砂浆法　C. 亚硝酸钠法　D. 以上都是

165. 在顶棚抹灰时，脚手板的板距，不大于<u>B</u>。

A. 0.2m　　B. 0.5m　　C. 0.8m　　D. 1m

166. 水泥砂浆终凝后强度继续增长，称为<u>C</u>。

A. 固化　　B. 生化　　C. 硬化　　D. 硬结

167. 国产水泥一般初凝时间为<u>D</u>h。

A. 12～16　　B. 2～5　　C. 1～2　　D. 1～3

168. 砂的平均粒径大于<u>A</u>mm者为粗砂。

A. 0. 5　　B. 0. 4　　C. 0. 3　　D. 0. 25

169. 108 胶固体含量为<u>B</u>。

A. 8% ~10%　　B. 10% ~12%

C. 13% ~15%　　D. 17% ~19%

170. 麻刀使用时将麻丝剪成 20 ~ 30mm，敲打松散，每 100kg 灰膏约掺<u>C</u>kg 麻刀，加水搅拌均匀，即成麻刀灰。

A. 1. 3　　B. 1. 4　　C. 1. 5　　D. 1. 6

171. 砂浆的强度以<u>D</u>为主要指标。

A. 抗剪强度　B. 抗拉强度　C. 抗折强度　D. 抗压强度

172. 用于砖石墙表面（檐口、勒脚、女儿墙以及潮湿房间的墙除外）砂浆配合比（体积比）为<u>A</u>。

A. 1∶2 ~1∶4　　B. 1∶0. 5 ~1∶3. 5

C. 1. 1 ~1∶1. 25　　D. 1∶0. 8 ~1∶1. 5

173. 砂浆采用机械搅拌时，搅拌时间要超过<u>B</u>min。

A. 1　　B. 2　　C. 3　　D. 4

174. 红地砖吸水率不大于<u>C</u>%。

A. 6　　B. 7　　C. 8　　D. 9

175. 抹灰手工工具软刮尺，用于抹灰层刮平，长<u>D</u>m，厚 10mm。

A. 1. 5　　B. 1. 4　　C. 1. 3　　D. 1. 2

176. 磨石机使用时，磨石装进夹具的深度不能小于<u>A</u>mm。

A. 15　　B. 16　　C. 17　　D. 18

177. 一般抹灰按质量要求可分为<u>B</u>级。

A. 1　　B. 2　　C. 3　　D. 4

178. 板条、现浇混凝土、空心砖顶棚抹灰平均总厚度为<u>B</u>mm。

A. 14　　B. 15　　C. 16　　D. 17

179. 石灰砂浆和水泥混合砂浆抹灰层每遍厚度为<u>D</u>mm。

A. 1 ~3　　B. 3 ~5　　C. 5 ~7　　D. 7 ~9

180. 混凝土墙、砖墙等基体表面的凹凸处，要剔平或用<u>A</u>

比例的水泥浆分层补平。

A. 1∶3　　B. 1∶2　　C. 1∶1.5　　D. 1∶1

181. 对120mm厚以上的砖墙，应在抹灰前一天浇水一遍，渗水深度达到__B__为宜。

A. 6～8mm　B. 8～10mm　C. 12～14mm　D. 0.5～0.8mm

182. 门窗洞口做护角，护角应抹__C__水泥砂浆。

A. 1∶1　　B. 1∶1.5　　C. 1∶2　　D. 1∶2.5

183. 内墙抹灰，当层高大于__D__m时，一般是从上往下抹。

A. 2.6　　B. 2.8　　C. 3　　D. 3.2

184. 抹纸筋石灰或麻刀石灰砂浆面层，一般应在中层砂浆__A__干时进行。

A. 6～7成　　B. 5～6成　　C. 7～8成　　D. 4～5成

185. 石灰砂浆面层，一般采用__B__石灰砂浆，厚度6mm左右。

A. 1∶1.5～1∶2　　B. 1∶2～1∶2.5

C. 1∶2.5～1∶1.3　　D. 1∶1～1∶1.5

186. 混合砂浆面层，一般采用__C__水泥石灰砂浆，厚度5～8mm。

A. 1∶1.5　　B. 1∶2　　C. 1∶2.5　　D. 1∶3

187. 水泥砂浆面层，一般采用__D__水泥砂浆。

A. 1∶1　　B. 1∶1.5　　C. 1∶2　　D. 1∶2.5

188. 内墙砖墙基体，水泥混合砂浆抹灰，抹底层灰配合比为__A__，厚度为7～9mm。

A. 1∶1∶6　　B. 1∶1∶5　　C. 1∶0.5∶6　　D. 1∶1.5∶4

189. 内墙加气混凝土条板基体，石灰砂浆抹灰，面层刮石灰膏厚度为__B__mm。

A. 0.5　　B. 1　　C. 2　　D. 3

190. 水泥砂浆抹灰用于砖墙基体（如墙裙踢脚线），抹1∶3水泥砂浆中层，厚度为__C__mm。

A. 1～3　　B. 3～5　　C. 5～7　　D. 7～8

191. 混凝土基体（石墙基体）用1∶2.5水泥砂浆罩面，厚度为_D_mm。

A. 2　B. 3　C. 4　D. 5

192. 加气混凝土基体，用1∶3水泥砂浆用含7%的108胶水溶液拌制聚合水泥抹面层，厚度为_A_mm。

A. 8　B. 9　C. 10　D. 12

193. 砖墙基体用纸筋石灰或麻刀石灰罩面、其麻刀石灰配合比（质量比）是白灰膏∶麻刀=_B_。

A. 100∶1.6　B. 100∶1.7　C. 100∶1.8　D. 100∶2.0

194. 内墙抹灰应分层进行，每层抹灰厚度应控制在_C_mm。

A. 8　B. 9　C. 10　D. 12

195. 外墙的抹灰层要求有一定的防水性能，用水混合砂浆打底和罩面。其比例为水泥∶石灰膏∶砂子=_D_。

A. 1∶1∶3　B. 1∶1∶4　C. 1∶1∶5　D. 1∶1∶6

196. 外墙水泥砂浆常用水泥∶砂子=_A_水泥砂浆抹底层。

A. 1∶3　B. 1∶4　C. 1∶5　D. 1∶6

197. 抹灰_B_在阳台、雨篷、窗台等处拉水平和垂直方向接通线找平、找正。

A. 中　B. 前　C. 后　D. 以上都可以

198. 现浇混凝土板顶棚表面油污，用_C_%的烧碱水将油污刷掉，随之用清水将烧碱冲净、晾干。

A. 6　B. 8　C. 10　D. 12

199. 顶棚抹灰一般底层砂浆采用配合比为水泥∶石灰膏∶砂子=_D_的水泥混合砂浆。

A. 1∶1∶1　B. 1∶1∶0.5　C. 1∶0.5∶0.5　D. 1∶0.5∶1

200. 顶棚罩面灰的厚度控制在_A_mm以内。

A. 5　B. 6　C. 7　D. 8

201. 抹灰线头道灰是粘贴层，用水泥∶石膏灰∶砂子=_B_的水泥混合砂浆，薄薄抹一层。

A. 1∶1∶0.5　B. 1∶1∶1　C. 1∶1∶2　D. 1∶2∶2

202. 如果抹石膏灰线，在底层、中层及出线灰抹完，并待6～7成干时稍洒水，用C的比例配好石灰石膏浆罩面。

A. 2∶8　B. 4∶4　C. 4∶6　D. 2∶6

203. 楼地面抹灰，水平基准线，一般可根据情况弹在标高D mm的墙上。

A. 1500　B. 1200　C. 800　D. 1000

204. 面积较大的房间，应根据水平基准线，在四周墙角处每隔A m用1∶2水泥砂浆抹标志块。

A. 1.5～2.0　B. 1.8～2.5　C. 2.0～2.8　D. 2.8～3.5

205. 地面标筋用B水泥砂浆，宽度一般为80～100mm。

A. 1∶1　B. 1∶2　C. 1∶3　D. 1∶4

206. 有地漏的房间，要在地漏四周找出不小于C %的泛水。

A. 3　B. 4　C. 5　D. 6

207. 楼地面抹灰，面层水泥砂浆的稠度不大于D mm。

A. 28　B. 30　C. 32　D. 35

208. 楼地面水泥砂浆面层抹好后，一般夏天A h后养护。

A. 24　B. 36　C. 48　D. 12

209. 地面水泥砂浆面层强度达不到B MPa前，不准在上面行走或进行其他作业，以免碰坏地面。

A. 2　B. 5　C. 8　D. 12

210. 水泥砂浆地面，禁止表面撒干水泥压光，否则会造成砂浆与水泥C不一致而产生裂纹。

A. 膨胀　B. 硬化　C. 收缩　D. 粘结

211. 细石混凝土地面浇筑时的混凝土坍落度不得大于D mm。

A. 40　B. 35　C. 25　D. 30

212. 豆石（细石）混凝土地面养护，一般不少于A d。

A. 7　B. 10　C. 12　D. 28

213. 楼梯抹灰，抹1∶3水泥砂浆底子灰，厚度为B。

A. 8～12mm　B. 10～15mm　C. 15～20mm　D. 20～25mm

214. 踏步设有防滑条，应距踏步口约C mm处设置。

A. 20 ~ 30　　B. 30 ~ 40　　C. 40 ~ 50　　D. 50 ~ 60

215. 踏步设有防滑条应高出踏步面_D_ mm。

A. 4 ~ 5　　B. 1 ~ 2　　C. 2 ~ 3　　D. 3 ~ 4

216. 设计无规则时，踢脚板一般抹_A_ mm 高。

A. 150 ~ 200　B. 200 ~ 300　C. 300 ~ 350　D. 100 ~ 150

217. 设计无规则时，墙裙应抹_B_ mm 高。

A. 600 ~ 900　B. 900 ~ 1200　C. 1200 ~ 1500　D. 1500 ~ 1800

218. 窗台抹灰，一般要比窗下槛低_C_ 皮砖。

A. 三　B. 四　C. 一　D. 二

219. 外窗台一般应用_D_ 水泥砂浆罩面。

A. 1∶0.5　B. 1∶1　C. 1∶1.5　D. 1∶2

220. 滴水线的做法是将窗台下边口的直角改成锐角，并将这角往下伸约_A_ mm，形成滴水。

A. 10　B. 15　C. 20　D. 25

221. 纸筋石灰浆罩面拉毛，底、中层抹灰用_B_ 水泥石灰砂浆。

A. 1∶0.5∶0.5　B. 1∶0.5∶4　C. 1∶4∶0.5　D. 1∶1∶4

222. 至今石灰浆罩面涂抹厚度应以拉毛长度来决定，一般为_C_ mm，涂抹时应保持厚薄一致。

A. 1 ~ 5　B. 2 ~ 10　C. 4 ~ 20　D. 8 ~ 30

223. 水泥石灰砂浆拉毛，待中层砂浆五六成干时，浇水湿润墙面，刮一道水灰比例_D_ 的水泥浆，以保证拉毛面层与中层粘贴牢固。

A. 0.15 ~ 0.25　B. 0.20 ~ 0.30

C. 0.30 ~ 0.35　D. 0.37 ~ 0.40

224. 水泥石灰加纸筋拉毛的罩面砂浆配合比，是一份水泥按拉毛粗细掺入适量的石灰膏的体积比。拉粗毛时掺石灰膏 5% 和石灰膏质量的_A_ 的纸筋。

A. 3%　B. 4%　C. 5%　D. 6%

225. 条筋形拉毛罩面用_B_ 水泥石灰浆拉毛。

A. 1∶0.5∶0.5　　B. 1∶0.5∶1　　C. 1∶1∶2　　D. 1∶0.5∶2

226. 刷条筋前，先在墙上弹垂直线，线与线的距离以 C mm 左右为宜，作为条筋的依据。

A. 100　　B. 200　　C. 400　　D. 600

227. 洒毛灰面层通常是用 D 水泥砂浆洒在带色的中层上，操作时要注意一次成活，不能补洒，在一个平面上不留接槎。

A. 1∶4　　B. 1∶3　　C. 1∶2　　D. 1∶1

228. 木质素磺酸钙，是一种常用的减水剂，将其掺入聚合物砂浆中，可减少用水量 A 左右，并可起到分散剂作用。

A. 10%　　B. 15%　　C. 20%　　D. 25%

229. 普通砂浆中掺入108胶，抗压强度降低 B 。

A. 20%～40%　　B. 30%～50%

C. 40%～60%　　D. 50%～70%

230. 喷涂装饰抹灰采用各种石屑的粒径应为 C mm以下。

A. 1　　B. 2　　C. 3　　D. 4

231. 喷涂层的总厚度约为 A mm左右。

A. 3　　B. 4　　C. 5　　D. 6

232. 滚涂所用的水泥石灰膏砂浆，再掺入水泥量 B % 的108胶和适量的各种矿物颜料。

A. 5%～10%　　B. 10%～20%

C. 15%～25%　　D. 20%～30%

233. 砖墙水刷石泥石粒浆，用1∶1水泥大八厘石粒浆面层，其厚度为 C mm。

A. 10　　B. 15　　C. 20　　D. 30

234. 混凝土墙水刷石，用1∶0.5∶1.3水泥石灰膏石粒浆面层，厚度为 D mm。

A. 10　　B. 15　　C. 18　　D. 20

235. 加气混凝土墙水刷石，用1∶0.5∶1.3水泥石灰膏石粒浆面层，厚度为 A mm。

A. 10　　B. 15　　C. 20　　D. 25

236. 水刷石外墙窗台、檐口、雨篷滴水水槽的宽度和深度均不应小<u>B</u> mm。

A. 5　B. 10　C. 15　D. 20

237. 水刷石面层抹灰厚度也要视粒径大小而异，用中八厘石子时约<u>C</u> mm。

A. 5　B. 10　C. 15　D. 20

238. 水刷石饰面，面层水泥石粒浆的稠度应为<u>D</u> mm。

A. 35 ~ 55　B. 40 ~ 60　C. 45 ~ 65　D. 50 ~ 70

239. 如果水刷石面层过了喷刷时间，开始结硬，可用<u>A</u> %盐酸稀释溶液洗刷，然后再用清水冲洗，否则会将面层腐蚀成黄色斑点。

A. 3 ~ 5　B. 5 ~ 7　C. 7 ~ 9　D. 9 ~ 11

240. 手压喷浆机喷射时要均匀，喷头离墙<u>B</u> mm，不仅要把表面的水泥浆冲掉，而且要将石粒间的水泥浆冲出。

A. 50 ~ 150　B. 100 ~ 200　C. 150 ~ 250　D. 200 ~ 300

241. 干粘石是将彩色石粒直接<u>C</u>砂浆层上的饰面做法。

A. 贴在　B. 靠在　C. 粘在　D. 附在

242. 砖墙干粘石抹水泥: 石膏: 砂子: 108 胶 = <u>D</u> 聚合物水泥砂浆粘结层。

A. 100: 50: 200: 2　B. 100: 200: 25: (5 ~ 15)

C. 100: 50: 150: 3　D. 100: 50: 200: (5 ~ 15)

243. 混凝土墙干粘石，用 1: 0.5: 3 水泥混合砂浆抹底层，厚度为<u>A</u> mm。

A. 3 ~ 7　B. 7 ~ 11　C. 2 ~ 6　D. 11 ~ 15

244. 加气混凝土基体干粘石，用 2: 1: 8 水泥混合砂浆抹中层，厚度为<u>B</u> mm。

A. 3 ~ 5　B. 5 ~ 7　C. 7 ~ 9　D. 9 ~ 11

245. 按施工设计图样要求弹线分格，其宽度一般不小于<u>C</u> mm，只起线型作用时可以适当窄一些。

A. 10　B. 15　C. 20　D. 25

246. 干粘石涂抹粘结层砂浆的稠度不大于_D_mm。

A. 85　　B. 86　　C. 90　　D. 80

247. 干粘石操作时，在粘结砂浆表面均匀地粘上一层石粒后，用铁抹子或油印橡胶滚轻轻压一下，使石粒嵌入砂浆的深度不小于_A_粒径，拍压后石粒表面应平整密实。

A. 1/2　　B. 1/3　　C. 1/4　　D. 1/5

248. 干粘石饰面施工中应严格控制中层砂浆平整度，凹凸偏差不大于_B_mm。

A. 4　　B. 5　　C. 6　　D. 7

249. 斩假石筛面施工，做面层用1∶1.25的水泥石粒浆，厚度为_C_mm。

A. 5～8　　B. 8～10　　C. 10～12　　D. 15～20

250. 斩假石饰面施工，面层砂浆一般用_D_mm的白色米粒石。

A. 5　　B. 4　　C. 3　　D. 2

251. 现制水磨石地面，选用石粒的最大粒径以比水磨石面层小于_A_mm。

A. 1～2　　B. 3～4　　C. 5～6　　D. 7～8

252. 水磨石面层厚度为15mm时，石粒最大粒径不能大于_B_mm。

A. 15　　B. 14　　C. 16　　D. 17

253. 在组成水磨石中，颜料用量不大于水泥用量的_C_，但要求颜料具有着色力、遮盖力以及耐光性、耐候性、耐水性和耐酸碱性。

A. 8%　　B. 10%　　C. 12%　　D. 13%

254. 饰面砖镶贴，基体太光滑时，表面应进行凿毛处理，凿毛深度为_D_，间距30mm左右。

A. 1～3mm　　B. 3～4mm　　C. 4～5mm　　D. 5～15mm

255. 饰面砖镶贴抹找平砂浆，对混凝土墙可用1∶2.5水泥砂浆掺_A_水泥重的108胶。

A. 10%　　B. 15%　　C. 20%　　D. 25%

256. 釉面砖和墙外面砖，粘贴前要清扫干净，然后放入清水中浸泡。釉面砖要浸泡到不冒泡为止，且不少于__B__。

A. 1h　　B. 2h　　C. 1.5h　　D. 45min

257. 室内镶贴釉面砖如设计无规定时，接缝宽度可在__C__mm之间调整。

A. 0.5～0.7　　B. 0.8～0.9　　C. 1～1.5　　D. 2～3

258. 外墙面砖镶贴排缝时，采用离缝接缝法，其接缝宽度应在__D__mm以上。

A. 1　　B. 2　　C. 3　　D. 4

259. 釉面砖墙裙一般比抹灰面凸出__A__mm。

A. 5　　B. 2　　C. 3　　D. 4

260. 铺贴釉面砖时，应先贴若干块废釉面砖作标志块，横向每隔__B__m左右一个标志块。

A. 1　　B. 1.5　　C. 2　　D. 4

261. 外墙面砖镶贴时，铺贴的砂浆一般为1∶2水泥砂浆或掺入不大于水泥用量__C__%的石灰膏的水泥混合砂浆，砂浆稠度要一致，避免砂浆上墙后流淌。

A. 20　　B. 30　　C. 15　　D. 35

262. 窗台及腰线底面镶贴面砖时，要先将基体分层刮平，表面划线，待七八成干时再洒水抹__D__mm厚水泥浆，随即镶贴面砖。

A. 0.5～0.8　　B. 0.8～1　　C. 1～2　　D. 2～3

263. 在完成一个层段的墙面并检查合格后，即可进行勾缝。勾缝用__A__水泥砂浆（砂子要过窗纱筛）或水泥浆分两次进行嵌实。

A. 1∶1　　B. 1∶2　　C. 1∶2.5　　D. 1∶3

264. 水泥花砖质量要求长宽度允许偏±__B__mm。

A. 1.5　　B. 1　　C. 2　　D. 3

265. 混凝土板块外观质量要求表面密实，无麻面、裂纹、脱皮和边角方正，规格尺寸允许偏差为长宽度 ± C mm。

A. 3　B. 4. 5　C. 2. 5　D. 3. 5

266. 预制水磨石平板外观要求表面光洁明亮、石粒均匀、颜色一致、边角方正，尺寸允许偏差为长宽度 ± D mm。

A. 3　B. 2　C. 4　D. 1

267. 板块地面施工，水泥砂浆粘结层厚度应控制在 10 ~ 15mm，砂浆结合层厚度为 A mm。

A. 20 ~ 30　B. 30 ~ 40　C. 50 ~ 55　D. 55 ~ 60

268. 板块地面施工，如平板间的缝隙设计无规定，大理石、花岗石不大于 B 。

A. 1. 5mm　B. 1mm　C. 2. 5mm　D. 2mm

269. 大理石、花岗石和预制水磨石平板地面施工时为保证粘结效果，铺砂浆找平层前应刷水灰比为 C 的水泥浆，并随刷随铺砂浆。

A. 0. 2 ~ 0. 3　B. 0. 3 ~ 0. 35　C. 0. 4 ~ 0. 5　D. 0. 6 ~ 0. 7

270. 大理石、花岗岩和预制水磨石板地面施工，待结合层砂浆强度达到 D 后，方可打蜡抛光。

A. 30% ~ 40%　B. 40% ~ 50%

C. 50% ~ 60%　D. 60% ~ 70%

271. 板块地面施工时，如平板间的缝隙设计无规定时，水磨石和水泥花砖不大于 A 。

A. 2mm　B. 3mm　C. 4mm　D. 5mm

272. 预制石磨石、大理石和花岗石踢脚板一般高 B mm。

A. 60 ~ 80　B. 100 ~ 200　C. 250 ~ 300　D. 300 ~ 400

273. 大理石、花岗石和预制水磨石平板施工，将踢脚板临时固定在安装位置，用石膏将相邻的两块踢脚板以及踢脚板与地面、墙面之间稳牢，然后用稠度为 C mm 的 1∶2 的水泥砂浆（体积比）灌缝。

A. 30 ~ 50　B. 60 ~ 80　C. 100 ~ 150　D. 200 ~ 300

274. 冬期施工，当预计连续 D 内的平均气温低于 5°C 或当

日最低气温低于 $-3°C$ 时，抹灰工程应按冬期施工采取相应的技术措施。

A. 7d　B. 8d　C. 9d　D. 10d

275. 冬期施工的 A 应包括热源准备。材料及工具准备、保温方法的确定及砂浆的搅拌和运输。

A. 准备工作　B. 预备工作　C. 概算　D. 预算

276. 冬期施工，拌合砂浆的用水，水温不得超过 B ℃。

A. 85　B. 80　C. 95　D. 90

277. 冬期热作法施工，当采用带烟囱的火炉进行施工时，一般可控制在 C ℃左右。

A. 2　B. 5　C. 10　D. 15

278. 冬期冷作法施工，砂浆强度等级不低于 D 。并在拌制时掺入化学外加剂。

A. 1.5M　B. 2.0M　C. 2.3M　D. 2.5M

279. 外墙面砖镶贴排缝法，其接缝宽度在 A mm 内。

A. 1～3　B. 2～4　C. 3～5　D. 4～6

280. 条筋形拉毛，条筋比拉毛面凸出 B ，稍干后用钢皮抹子压一下，最后按设计要求刷色浆。

A. 1～2mm　B. 2～3mm　C. 3～4mm　D. 4～5mm

281. 全面质量管理的管理范围是 A 。

A. 管因素　B. 管开始　C. 管结果　D. 管施工

282. 全面质量管理，PDCA 工作方法 A 是指 C 。

A. 计划　B. 实施　C. 总结　D. 检查

283. 全面质量管理，PDCA 工作方法，D 是指 A 。

A. 实施　B. 检查　C. 计划　D. 总结

1.3 简答题

1. 一套完整施工图的编排顺序是什么？

答：一套完整施工图的编排顺序是：一般是代表全局性的

图纸在前，表示局部的图纸在后，先施工的图纸在前，后施工的图纸在后；重要的图纸在前，次要的图纸在后；基本图纸在前，详图在后。整套图纸的编排顺序是：

(1) 图纸目录。

(2) 总说明。说明工程概况和总的要求，对于中小型工程，总说明可编在建筑施工图内。

(3) 建筑施工图。

(4) 结构施工图。

(5) 设备施工图。一般按水施、暖施、电施的顺序排列。

2. 建筑装饰工程图纸的排序原则是什么？

答：建筑装饰工程图纸的编排顺序原则是：表现性图纸在前，技术性图纸在后；装饰施工图在前，室内配套设备施工图在后；基本图在前，详图在后；先施工的在前，后施工的在后。

3. 什么是投影？

答：所谓投影是人们日常生活中常见的自然现象，即在光的照射下，物体投下的影子。

4. 什么是投影法？

答：工程图样是参照物体在光线照射下，在地面或墙面上产生与物体相同或相似的影子这一原理绘制出来的。这种用投影原理在平面上表示空间物体形状和大小的方法称为投影法。

5. 什么是平行投影法？有何分类？

答：平行投影法，即投射线相互平行投射，这种对物体进行投影的方法称为平行投影法。平行投影法按其投射线与投影面的位置关系又可分为：

(1) 斜投影法，投射线倾斜于投影面的平行投影法。

(2) 正投影法，投射线垂直于投影面的平行投影法。

正投影法得到的投影图能真实表达空间物体的形状和大小，能准确地反映物体的实形，而且作图简便，故一般工程图样绘制均采用正投影法。

6. 直线的投影规律是什么？

答：直线的投影规律：

（1）直线平行于投影面时，其投影是直线，并反映实长。

（2）直线垂直于投影面时，其投影积聚成一点。

（3）直线倾斜于投影面时，其投影仍是直线，但长度缩短，不反映实长。

7. 在什么情况下采用剖面图和断面图来表示物体内部的形状？

答：在工程中，当物体的内部构造和形状较为复杂时，用三面投影图只能反映形体可见部分的轮廓线，而不可见的轮廓线和可见的轮廓线往往会交叉或重合在一起，既不易识读，又不便标注尺寸。工程制图中遇到这种情况，一般采用剖面图和断面图来表示形体内部的形状。

8. 什么是剖视图？

答：假想用一个垂直于投影方向的平面，在物体的合适位置将物体剖切，使物体分为前后两个部分，移去观察者与剖切平面之间部分，随后对剖切平面后部的物体进行投影，这种方法称为剖视。用剖视方法画出的正投影图称为剖视图。

9. 剖视的分类有哪些？

答：剖视的分类，进行剖视时，一般都采用与投影面平行的面作为剖切平面。制图中的剖视种类有：

（1）垂直剖视：当剖切平面垂直于水平投影面时，这种剖视称为垂直剖视。

（2）水平剖视：当剖切平面平行于水平投影面时，这种剖视称为水平剖视。

（3）全剖视：如果用一个剖切平面将物体全部剖开，这种剖视称为全剖视。

（4）半剖视：当物体内部构造、形状和外形都呈对称时，常用半个全剖视来表达。

（5）局部剖视：它是将物体局部剖开作投影的方法。它适用于物体外形和内部构造比复杂或内部为多层构造的情况。

（6）阶梯剖视：是一个剖切平面若不能将物体上需要表达的内部构造一同剖开时，则可将剖切平面转折成两个相互平行的平面，并将物体沿着需要表达的地方剖开进行投影。

10. 怎样做剖视记号的标注？

答：剖视记号的标注：

（1）剖面图所表达的内容与剖切平面的位置和剖视的投影方向有关，故在进行剖视时，必须在被剖切的图面处用剖视记号标注。

（2）剖视记号是用一组跨图形的粗实线表示剖切平面的位置，并在记号的两端用另一组垂直于剖切线的粗实线表示投影方向。

（3）当剖切面在图上需要转折时，则在转折处用局部折线表示。

11. 断面图有几种形式？

答：断面图有以下几种形式：

（1）移出断面图：将形体某一部分剖切后所形成的断面图，移出投影图外一侧。这种形式适用于构件、配件的描绘。

（2）重合断面图：将形体某一部分向左或向右侧投影，直接绘于投影图中，两者重合在一起。一般适用于梁、板或型钢的断面描绘。

（3）中断断面：断面图绘制在投影图的中断处，主要用于较长且均匀变化的角钢的断面描绘。

12. 试述装饰平面图的内容包括什么？

答：装饰平面图的内容有：

（1）表明装饰空间的平面形状与尺寸。建筑物在装饰平面图中的平面尺寸可分为三个层次，即外包尺寸、各房间的净空尺寸及门窗、墙垛和柱体等的结构尺寸。有的为了与主体建筑图纸相对应，还标出建筑物的轴线及其尺寸关系，甚至还标出建筑的柱位编号等。

（2）表明装饰结构在建筑空间内的平面位置，及其与建筑结构的相互尺寸关系；表明装饰结构的具体平面轮廓及尺寸；表明地（楼）面等的饰面材料和工艺要求。

（3）表明各种装饰设置及家具安放的位置，与建筑结构的相互关系尺寸，并说明其数量、规格和要求。

（4）表明与此平面图相关的各立面图的视图投影关系和视图的位置编号。

（5）表明各剖面图的剖切位置，详图及通用配件等的位置和编号。

（6）表明各种房间的平面形式、位置和功能；表明走道、楼梯、防火通道、安全门、防火门等人员流动空间的位置和尺寸。

（7）表明门、窗的位置尺寸和开启方向。

（8）表明台阶、水池、组景、踏步、雨篷、阳台及绿化等设施和装饰小品的平面轮廓与位置尺寸。

13. 试述装饰平面图的识读需要注意什么问题?

答：装饰平面图的识读主要注意以下几点：

（1）先看标题栏，认定是何种平面图，进而把整个装饰空间的各房间名称、面积及门窗、走道等主要位置尺寸了解清楚。

（2）通过对各房间及其他分隔空间种类、名称及其主要功能的了解，明确为满足功能要求所设置的设备与设施的种类、数量等，从而制定相关的购买计划。

（3）通过图中对饰面的文字标注，确认各装饰面的构成材料的种类、品牌和色彩要求；了解饰面材料间的衔接关系。

（4）对于平面图上的纵横、大小、尺寸关系，应注意区分建筑尺寸和装饰设计尺寸。进而查清其中的定位尺寸、外形尺寸和构造尺寸。

（5）通过图纸上的投影符号，明确投影面编号和投影方向并进一步查出各投影向立面图（即投影视图）。

（6）通过图纸上的剖切符号，明确剖切位置及其剖切后的投影方向，进而查阅相应的剖面图或构造节点大样图。

14. 简述顶棚平面图的识读。

答：(1) 首先应弄清楚顶棚平面图与平面布置图各部分的对应关系，核对顶棚平面图与平面布置图在基本结构和尺寸上是否相符。

(2) 对于某些有造型变化的顶棚，要分清它的标高尺寸和线型尺寸，并结合造型平面分区线，在平面上建立起二维空间的尺度概念。

(3) 通过顶棚平面图，了解顶部灯具和设备设施的规格、品种与数量。

(4) 通过顶棚平面图上的文字标注，了解顶棚所用材料的规格、品种及其施工要求。

(5) 通过顶棚平面图上的索引符号，找出详图对照着阅读，弄清楚顶棚的详细构造。

15. 试述装饰剖面图的识读。

答：(1) 阅读建筑装饰剖面图时，首先要对照平面布置图，看清楚剖切面的编号是否相同，了解该剖面的剖切位置和剖视方向。

(2) 在众多图形和尺寸中，要分清哪些是建筑主体结构的图形和尺寸，哪些是装饰结构的图形和尺寸。当装饰结构与建筑结构所用材料相同时，它们的剖断面表示方法是一致的。现代某些大型建筑的室内外装饰，并非是贴墙面、铺地面、吊顶而已，因此，要注意区分，以便进一步研究它们之间的衔接关系、方式和尺寸。

(3) 通过对剖面图中所示内容的阅读研究，明确装饰工程各部位的构造方法、构造尺寸、材料要求与工艺要求。

(4) 建筑装饰形式变化多，程式化的做法少。作为基本图的装饰剖面图，只能表明原则性的技术构成问题，具体细节还需要详图来补充表明。因此，在阅读建筑装饰剖面图时，还要注意按图中索引符号所示方向，找出各部位节点详图，并不断对照仔细阅读，弄清楚各连接点或装饰面之间的衔接方式以及包边、盖缝、收口等细部的材料、尺寸和详细做法。

（5）阅读建筑装饰剖面图要结合平面布置图和顶棚平面图进行，某些室外装饰剖面图还要结合装饰立面图来综合阅读，才能全方位地理解剖面图示内容。

16. 试列举建筑施工图中常用的比例（用列表形式）。

答：常用比例

图　名	比　例
总平面图	1:500，1:1000，1:2000
平面图、剖面图、立面图	1:50，1:100，1:200
不常见平面图	1:300，1:400
详图	1:1，1:2，1:5，1:10，1:20，1:25，1:50

17. 用图样形式表示尺寸标注的组成。

答：如第17题图所示，用图样表示尺寸界线、尺寸线、尺寸起止符号和尺寸数字（尺寸组成）。

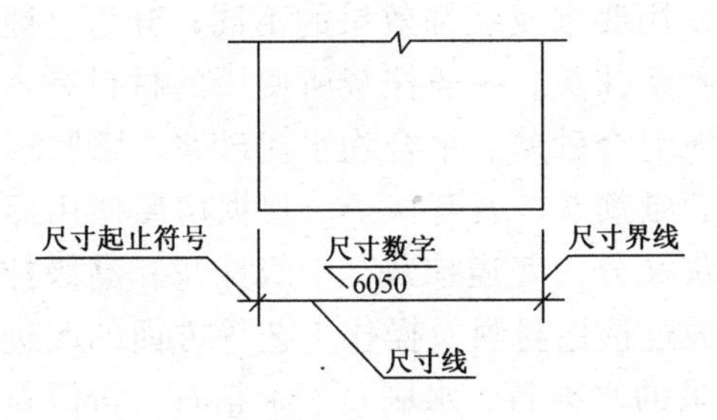

第17题图　尺寸标注

18. 试述房屋建筑按用途和结构形式的分类情况。

答：房屋建筑按房屋用途可分为以下几类：

（1）民用建筑：包括居住建筑和公共建筑。

（2）工业建筑：各类工业生产用生产车间、辅助车间、动力设施、仓库等。

（3）农业建筑：农、禽、牧、渔等生产用房，如饲养场、农机站等。

（4）工程构筑物：指非房屋类的土建工程，如水塔、电视塔、烟囱等。

房屋建筑按结构形式可分为以下几类：

（1）混合结构体系：指同一结构体系中采用两种或两种以上不同材料组成的承重结构，包括砖混结构、内框架和底层框架结构等。

（2）框架结构体系：是指以梁柱组成整体框架作为建筑物的承重体系。目前，多层工业厂房和仓库、办公楼、旅馆、医院、学校、商场等广为采用框架结构。框架结构的合理层数，一般为6~15层，最经济的层数是10层左右。

（3）剪力墙结构体系：当前剪力墙结构体系主要有框架-剪力墙结构、剪力墙结构、框支剪力墙结构和筒式结构四大类。

19. 试述抹灰工程的分类。

答：抹灰工程按施工部位的不同，分为室内抹灰和室外抹灰两类。按使用要求及装饰效果的不同，分为一般抹灰、装饰抹灰和特种砂浆抹灰。一般抹灰所使用的材料有水泥砂浆、石灰砂浆、水泥混合砂浆、聚合物水泥砂浆、膨胀珍珠岩水泥砂浆和麻刀灰、纸筋灰、石膏灰等。根据房屋使用标准和质量要求，一般抹灰又分为普通抹灰、中级抹灰和高级抹灰三级。装饰抹灰是指通过选用材料及操作工艺等方面的改进，而使抹灰富于装饰效果的水磨石、水刷石、干粘石、斩假石、拉毛与拉条抹灰、装饰线条抹灰以及弹涂、滚涂、彩色抹灰等。特种砂浆抹灰指采用保温砂浆、耐酸砂浆、防水砂浆等材料进行的具有特殊要求的抹灰。

20. 试述抹灰工程的作用。

答：抹灰工程分内抹灰和外抹灰。通常把位于室内各部位的抹灰叫内抹灰，如楼地面、顶棚、墙裙、踢脚线、内楼梯等；

把位于室外各部位的抹灰叫外抹灰，如外墙、雨篷、阳台、屋面等。内抹灰主要是保护墙体和改善室内卫生条件，增强光线反射，美化环境；在易受潮湿或易受酸碱腐蚀的房间里，主要起保护墙身、顶棚和楼地面的作用。外抹灰主要是保护墙身不受风、雨、雪的侵蚀，提高墙面防潮、防风化、隔热的能力，提高墙身的耐久性，也是对各种建筑物表面进行艺术处理的措施之一。

21. 简述抹灰层的厚度要求。

答：抹灰层的厚度是抹灰饰面的第二个结构要素，在实际的建筑装饰装修工作中，抹灰层的厚度控制是一项非常重要的工作。抹灰层采用分层分遍涂抹时，每层要控制厚度，如果一次抹得太厚，由于内外收水快慢不同，面层容易出现干裂、起鼓和脱落，也将造成材料的浪费。各道抹灰的厚度一般是由基层材料、砂浆品种、工程部位、质量标准及气候条件等因素确定。抹灰层的平均总厚度根据具体部位、基层材质及抹灰等级标准等要求而有所差异，但不能大于抹灰层平均总厚度所规定的数值。

22. 常用胶粘材料有哪些（抹灰工程中及建筑工程中所用）?

答：在建筑工程中，将散粒材料（如砂和石子）或块状材料粘结成一个整体的材料，统称为胶粘材料。胶粘材料分为有机胶粘材料和无机（矿物）胶粘材料两类。石油沥青、煤沥青及各种天然和人造树脂属于有机胶粘材料；水泥、石灰、石膏等属于无机胶粘材料。

在抹灰工程中，常用的是无机胶粘材料，其中又分为气硬性胶粘材料（如石灰、石膏）和水硬性胶粘材料（如各种水泥）。

23. 在负温下砂浆受冻后有哪些后果?

答：负温下普通砂浆遭受冻结，内部水分因结冰体积膨胀，但膨胀力大于砂浆粘结力时灰层开始遭到破坏。当温度升高时，砂浆融化，改变状态。冻融循环的结果使砂浆失去粘结。此外，操作前砂浆已冻结，必将失去塑性无法施工。

24. 抹灰时的专业工具有哪些？

答：抹灰时专用工具有：拉条抹灰模具、灰线抹灰机具、聚合物水泥砂浆滚涂和弹涂工具斩假石专用工具、干粘石施工工具、假面砖施工工具、饰面常用的施工工具。

此外，还有墨斗、喷壶、铁水平水尺、线坠、方尺、折尺、钢卷尺、托线板和克丝钳子及拌制石膏用的胶碗等。

25. 抹灰时常用的抹子有哪些？

答：如第25题图所示，抹灰时常用的抹子有：（1）钢皮抹子、铁抹子；（2）压子；（3）薄钢板；（4）塑料抹子；（5）木抹子（也称木蟹）；（6）阴角抹子；（7）圆阳角抹子；（8）塑料阴角抹子；（9）阳角抹子；（10）圆阳角抹子；（11）将角器；（12）小压子（抿子）；（13）大小鸭嘴。

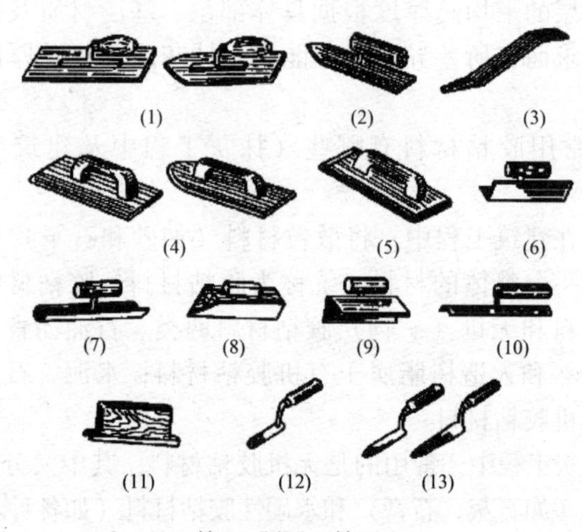

第25题图　抹子

26. 抹灰时常用的机具有哪些？

答：抹灰时常用机具有：砂浆输送泵、组装车、管道、水磨石机、电动喷浆机、手动喷浆机、电动喷液枪、喷雾器、普通灰浆泵和空压机组合喷浆系统灰气联合泵。

27. 抹灰工程的质量要求是什么?

答：抹灰工程质量关键是，粘结牢固，无开裂、空鼓和脱落，施工过程应注意：

（1）抹灰基体表面应彻底清理干净，对于表面光滑的基体应进行毛化处理。

（2）抹灰前应将基体充分浇水均匀润透，防止基体浇水不透造成抹灰砂浆中的水分很快被基体吸收，造成质量问题。

（3）严格各层抹灰厚度，防止一次抹灰过厚，造成干缩率增大，造成空鼓、开裂等质量问题。

（4）抹灰砂浆中使用材料应充分水化，防止影响粘结力。

28. 简述墙面抹灰构造。

答：墙面抹灰由底层抹灰、中层抹灰和面层抹灰组成。

（1）底层抹灰。底层抹灰主要起与基层粘结和初步找平的作用。底层砂浆根据基本材料不同和受水浸湿情况而定，可分别用石灰砂浆、水泥石灰混合砂浆（简称“混合砂浆”）或水泥砂浆。

（2）中层抹灰。中层抹灰主要起找平和结合的作用。此外，还可以弥补底层抹灰的干缩裂缝。一般来说，中层抹灰所用材料与底层抹灰基本相同，厚度约 5 ~ 12mm。在采用机械喷涂时，底层与中层可同时进行，但是厚度不超过 15mm。

（3）面层抹灰。面层，又称“罩面”。面层抹灰主要起装饰和保护作用。根据所选装饰材料和施工方法的不同，面层抹灰可以分为各种不同性质与外观的抹灰。例如，选用纸筋灰罩面，即为纸筋灰抹灰；水泥砂浆罩面，即为水泥砂浆抹灰；在水泥砂浆中掺入合成材料的罩面，即为聚合砂浆抹灰；采用木屑骨料的罩面，即为吸声抹灰；采用蛭石粉或珍珠岩粉作骨料的罩面，即为保温抹灰等。

29. 试绘出墙面抹灰的构成。

答：如第 29 题图所示。

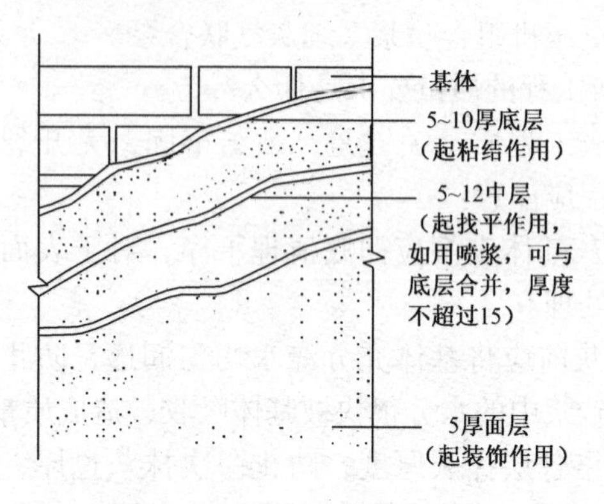

第 29 题图　墙面抹灰的构成

30. 抹灰材料选用纸筋的要求是什么？

答：抹灰用纸筋采用白纸筋或草纸筋施工时，使用前要用水浸透（时间不少于 3 周），并将其捣烂成糊状，并要求洁净、细腻。用于罩面时宜用机械碾磨细腻，也可制成纸浆。要求稻草、麦秆应坚韧、干燥、不含杂质，其长度不得大于 30mm，稻草、麦秆应经石灰浆浸泡处理。

31. 室内墙面抹灰时阴阳角如何找方？

答：普通抹灰要求阳角找方。对于除门窗口外还有阳角的房间，则首先要将房间大致规方。方法是先在阳角一侧墙做基线，用方尺将阳角先规方，然后在墙角弹出抹灰准线，并在准线上下两端挂通线做标志块。

高级抹灰要求阴阳角都要找方，阴阳角两边都要弹基线，为了便于做角和保证阴阳角方正垂直，必须在阴阳角两边都要做标志块和标筋。

32. 冬期内墙抹灰施工要求是什么？

答：室内砖墙抹石灰砂浆应采取保护措施，抹灰的温度不宜低于 5℃。室内环境的温度不应低于 5℃，所以应做好室内的保温工作。

用冻结法砌筑的墙，应待其解冻后才能进行室内抹石灰砂浆工作。

冬期施工要注意室内通风换气工作，排除室内湿气，应设专人负责开闭门窗和测温工作，保证抹灰不受冻。

33. 定位轴线有什么作用？

答：建筑施工图中都标有定位轴线，凡是承重墙、柱等主要承重构件位置处，都有轴线来确定其位置，它是设计和施工时的重要依据。

34. 安全事故调查处理“四不放过”内容指什么？

答：（1）事故原因分析不清不放过。

（2）事故责任人未受到处理不放过。

（3）事故责任者和群众没受到教育不放过。

（4）事故没有制订切实可行的整改措施不放过。

35. 在搅拌砂浆时有哪些安全要点？

答：（1）非操作人员严禁开动砂浆搅拌机。

（2）使用砂浆搅拌机搅拌砂浆，往拌筒内投拌时，不准用脚踩或用铁锹、木棒等工具拨、刮拌合筒口，初拌时必须使用摇手柄，不准扳转拌筒或用铁锹拌入筒里抹灰。

36. 建筑总平面图有哪些内容？

答：建筑总平面图是建筑物或建筑群体总平面布置图。它表明建筑物所在地理位置和与周围环境的相互关系。一般总平面图标明拟建建筑物的平面形状、绝对标高、坐标位置及与周围新旧建筑物、道路等之间相互关系，以及道路、管道等干线的走向、河流、桥梁、绿化带的位置和地形等。

37. 外墙抹灰在起分格条时应注意什么问题？

答：罩面层抹完后，要及时将分格起出来，及时进行边角修整。若分格条推起，则应待罩面砂浆干透后再起出来。注意防止起坏边棱。

38. 什么是砂浆的泌水性？

答：泌水性又称析水性。即砂浆中析出部分拌合水的性能。

一般是用水量超过砂浆保水能力，部分水就析出表面与骨料分离，导致砂浆分层，强度、粘结力降低。

39. 踢脚线怎样抹灰?

答:(1) 清理基层，洒水湿润。

(2) 用1:3 水泥砂浆抹在墙面下部15~20cm 处。

(3) 1:2~1:2.5 水泥砂浆于第二天罩面，厚度突出墙面5~7mm，按要求弹出踢脚水平线。

(4) 用八字尺、铁抹子沿线切齐、清理上口，使其光洁。

40. 砂浆中掺108 胶的作用有哪些?

答:(1) 能改善和提高抹灰层的强度，不会粉酥、掉面。

(2) 能增强涂层的柔韧性，减少开裂现象。

(3) 能加强与基层之间的粘结性能，不易产生爆皮或脱落。

41. 安全生产的"五项规定"有哪些内容?

答:安全生产的"五项规定"包括:(1) 安全生产责任制;(2) 安全生产措施计划;(3) 安全生产教育;(4) 安全生产定期检查;(5) 事故的调查和处理规定。

42. 试述台阶抹灰的操作工艺要点。

答:(1) 在放线找规矩时，要使踏步的向外坡1%，台阶平台也要向外坡1%~10.5%，以利排水。

(2) 常用砖砌台阶，顶层侧砖缝隙要留深10~15mm，以使抹面砂浆嵌入砖缝结合牢固。

43. 地面为什么要分格?

答:水泥砂浆地面或混凝土地面，由于气温影响发生热胀冷缩现象，致使地面产生不规则开裂。为了防止地面出现不规则裂缝，影响使用和美观，所以在开间较大地面上要分格。

44. 饰面工程质量标准的主控项目是什么?用什么方法检查?

答:(1) 饰面板(砖)的品种、规格、颜色和图案必须符合设计要求，检验方法为观察检查。

(2) 板(砖)安装(镶贴)必须牢固，无歪斜、缺楞掉角和裂缝梁缺陷，检验方法为观察检查。

45. 铺缸砖时地面不平，出现小高低如何解决？

答：首先要选好砖，不符合规格标准的不用。铺贴时，必须铺平、敲实，再用靠尺板检查平整度，对不平处进行修整，全部铺好后进行养护和成品保护，达到强度后方可上人。

46. 一般墙面抹灰应注意哪些质量问题？

答：(1) 门窗框缝隙不严，产生空鼓、裂缝。

(2) 基层处理不当，如浇水不适，影响粘结力。

(3) 基层偏差过大，没有分层操作，产生干缩裂缝。

(4) 原材料和砂浆面之间位置达不到要求。

(5) 墙裙、踢脚等部易空鼓，操作时要特别注意。

47. 水磨石地面质量标准主控项目有哪些要求？

答：(1) 选用材质、品种、强度及颜色应符合设计要求和施工规范规定。

(2) 面层与基层的结合必须牢固，无空鼓、裂纹等缺陷。

48. 抹灰工程质量标准主控项目有哪些要求？

答：所有材料品种、质量必须符合设计要求。各抹灰层之间及抹灰层与基体之间必须粘结牢固，无脱层、空鼓，间层无爆灰和裂缝（风裂除外）等缺陷。

49. 防潮层有哪几种做法？

答：(1) 油毡防潮分为干铺和粘贴两种。

(2) 防水砂浆防潮层（2.5cm 厚，掺入防水剂 1∶2 水泥砂浆）。

(3) 细石混凝土防潮层。

(4) 防水砂浆砖砌设砖防潮层。

50. 识图的基本知识包括哪些内容？

答：物体的投影原理，房屋的基本构造，轴线坐标的表示方法，水平尺寸、标高、图例和符号的表示方法，门窗型号和构件型号的写法以及图上的各种线条等都属于识图的基本知识。

51. 内墙抹灰为什么要先做踢脚线后抹墙面？

答：先做踢脚线后进行墙面抹灰，能有效地防止踢脚线的空鼓，又能控制墙面抹灰的平整度。

52. 一般内墙面抹灰操作工艺顺序是什么？

答：一般内墙面抹灰操作工艺顺序是：

基层表面处理→做门窗护角线→找规矩做灰饼→冲筋→装挡抹底子灰→进行罩面灰→抹踢脚线（可选抹踢脚）。

53. 外窗台的清理和嵌缝有哪些要求？

答：首先将窗台上的砂浆等清扫干净，然后浇水湿润，用1∶3水泥砂浆将窗台下槛的洞隙填满嵌实。填嵌时要注意必须将砂浆嵌入窗槛下凹槽内，特别的窗框的两下角处必须要填满填实，否则会在此处造成窗台渗水。

54. 建筑工程施工图有哪些种类？

答：建筑工程施工图一般包括：(1)建筑施工图；(2)结构施工图；(3)给排水施工图；(4)采暖施工图；(5)通风施工图；(6)中期施工图。各种施工图又包括基本图和详图两部分。

55. 水泥砂浆地面起砂的主要原因？

答：（1）用过期水泥或水泥强度等级不够，水泥砂装搅拌不均匀。

（2）配合比不准确，压光不适时。

56. 地面抹灰施工时应注意的事项？

答：（1）在地面抹灰施工时，要注意保护好已完成的项目，如门框要保护好，推小车运灰时不得碰撞门框和墙角。

（2）地面铺砂浆时要保护电线管和其他设备的管线位置。

（3）保护地漏、出水口等部位的临时堵口，防止砂浆灌入等造成堵塞。

57. 普通水磨石地面怎样上蜡？

答：在地面冲洗干净后，用布或干净的麻丝沾稀糊状的成蜡，涂在水磨石表面，要涂均匀。稍干后用磨光机研磨，或用钉有细帆布的木块代替油石，装在磨石机上研磨光亮后，再涂蜡研磨一遍，直到光滑洁亮为止。

58. 缸砖地面出现空鼓主要原因有哪些？如何解决？

答：主要原因是基层清理不净，浇水不透，早期脱水所致；另一原因是上人过早，粘结砂浆未达到强度受到外力振动，形成空鼓。因此操作时要将基层清理干净，浇透水，控制上人操作时间，加强养护。

59. 水刷石弹线分格有哪些要求？

答：首先按施工图的设计要求进行弹线分格，然后按其要求的分格条宽窄，粘贴不同宽度的分格条。要求粘好的分格条要横平竖直。

60. 一般民用建筑由哪些部分组成？

答：民用建筑一般由基础、墙或柱、楼地面、楼梯、屋面和门窗六大部分组成。它们处在不同部位，发挥着各自的作用。

61. 雨期抹灰施工应做好哪些准备工作？

答：（1）雨期施工应随时做好防雨、防汛、防雷、防电及防降温工作；

（2）要搭设防雨棚，一切机械设备应设置在防潮、地势较高的地方，接地必须良好；

（3）雨期施工的脚手架应经常检查，如沉陷、变形现象，必须加固修理；

（4）雨期施工在进行地下工程抹灰时，应提前准备好排水沟、池水槽或排水机具；

（5）高层建筑物抹灰施工，脚手架应设临时避雷针。

62. 冬期抹灰施工应做好哪些工作？

答：（1）冬期抹灰施工应做好“五防”（即防火、防寒、防煤气中毒、防滑和防爆）；

（2）施工现场应设采暖休息室，冬期施工搭设脚手架应加设防滑设施；

（3）大雪后必须将架子上的积雪清扫干净，并检查马道平台，如有松动下沉现象，必须及时处理；

（4）施工时接触气源，热水要防止烫伤，如用氯化钙作为抗冻剂，要防止腐蚀皮肤；

(5) 现场如有火源，要加强防火工作，如使用天然气，要防止爆炸，使用焦炭炉和煤炭时应防止煤气中毒。

63. 简述外墙抹灰施工时挂线、做灰饼、冲筋的操作。

答：外墙面抹灰与内墙抹灰一样要挂线做标志块、标筋。但因外墙面由檐口到地面，抹灰看面大，门窗、阳台、明柱、腰线等看面都要横平竖直，而抹灰操作则必须一步架一步架往下抹。因此，外墙抹灰找规矩要在四角先挂好自上至下垂直通线（多层及高层楼房应用钢丝线垂下），然后根据大致决定的抹灰厚度，每步架大角两侧弹上控制线，再拉水平通线，并弹水平线做标志块，然后做标筋。

当灰饼砂浆达到七八成干时,即可用与抹灰层相同砂浆标筋,标筋根数应根据房间的宽度和高度确定,一般标筋宽度为5cm。两筋间距不大于1.5m。当墙面高度小于3.5m时宜做立筋,大于3.5m时宜做横筋。做横向标筋时,做灰饼的间距不宜大于2m。

64. 简述顶棚抹灰施工的基层处理。

答：混凝土顶棚抹灰的基层处理，除应按一般基层处理要求进行处理外，还要检查楼板是否有下沉或裂缝。如为预制混凝土楼板，则应检查其板缝是否已用细石混凝土灌实，若板缝灌不实，顶棚抹灰后会顺板缝产生裂纹。近年来，无论是现浇或预制混凝土，都大量采用钢模板，故表面较光滑，如直接抹灰，砂浆粘结不牢，抹灰层易出现空鼓、裂缝等现象，为此在抹灰时，应先在清理干净的混凝土表面用扫帚刷水后。刮一遍水灰比为0.37~0.40的水泥浆进行处理，方可抹灰。

65. 如何使用纸筋?

答：纸筋有干、湿两种。

(1) 干纸筋的用法是将纸筋撕碎，除去尘土，用清水浸透，按100kg灰膏掺入2.75kg纸筋的比例掺到淋灰池；罩面纸筋宜机碾磨细（避免干燥后，墙面显露纸筋不匀），并用3mm孔筛过滤成纸筋灰。纸筋灰储存时间越长越好，一般为1~2月。

（2）湿纸筋使用时先用清水浸透，每 50kg 灰膏掺 1.45kg 纸筋搅拌均匀，其碾磨和过筛方法同干纸筋。

66. 砂浆的流动性与哪些因素有关？

答：砂浆的流动性也称稠度，是指砂浆在重或外力作用下流动的性能。砂浆的流动性与胶结材料的种类、用水量、砂子的级配、颗粒的粗细圆滑程度等因素有关。当胶结材料和砂子一定时，砂浆的流动性主要取决于含水量。选择砂浆流动性时，应考虑抹灰饰面的基层、施工条件和气温等因素。

67. 如何掌握好砂浆的保水性？

答：砂浆的保水性指砂浆在搅拌后，运输到使用地点时，砂浆中各种材料分离快慢的性质。如水与水泥、石灰膏、砂子分离很快，使用这种砂浆时，水分容易被砖吸收，使砂浆变稠，失去流动性，造成施工困难，影响工效，降低工程质量。

保水性的好与坏，与砂浆组成材料有关。如砂子及水的用量过多或砂子过细，胶结材料、掺合材料较少，不足以包裹砂子，则水分易与砂子及胶结材料分离，要改善砂浆的保水性，除选择适当粒径的砂子外，还可掺入适量的石灰膏、加气剂和塑化剂，而不应采取增加水用量的方法。

68. 砂浆如何选用？

答：按工程类别及部位的设计要求选用。通常水泥砂浆适用于潮湿环境；水泥石灰混合砂浆适用于干燥环境；石灰砂浆可用于一般简易房屋。

69. 陶瓷釉面砖为什么不适合用于室外而适合用于室内？

答：陶瓷釉面砖为多孔的精陶坯体，在长期与空气的接触过程中，特别在潮湿环境中使用，会吸收大量水分而产生吸湿膨胀的现象。由于釉面的吸湿膨胀非常小，当坯体湿膨胀的程度增长到使釉面处于拉应力状态，应力超过釉的抗拉强度时，釉面发生开裂。如用于室外，经多次冻融，更易出现剥落掉皮现象。所以釉面砖只能用于室内。

70. 怎么样做好常用工具的维护和保管？

答：(1) 抹灰工常用钢制工具，用后要擦洗干净，以防生锈，以便于下次使用。各种工具用后要放好，不要乱扔乱放，防止丢失和损坏。

(2) 各种刷子及木制工具用后要将粘结的砂浆清理干净并擦干放好。木制工具不要堆放在室外风吹日晒，以防止变形。

(3) 在下班前，盛装、运输抹灰砂浆用的各种器具的砂浆要用完，并将器具清洗干净，防止灰浆粘底硬化凝固，损坏器具及影响使用。

(4) 灰槽、灰桶等上下移动要轻拿轻放，不要从跳板上往下扔。

71. 一般抹灰的等级如何划分？工序要求如何？

答：(1) 普通抹灰表面质量应光滑、洁净、接槎平整，分格缝应清晰，三遍成活。

(2) 施工工艺上达到：阳角找方，设置标筋，分层赶平，修整表面压光。

(3) 高级抹灰表面质量应光滑、洁净、颜色均匀、无抹纹。分格缝和灰线清晰美观。施工要求多遍成活，施工工艺上达到：阴阳角找方，设置标筋，分层赶平，修整，表面压光。

72. 简述抹灰层的组成。

答：抹灰饰面为使抹灰层与基体粘结牢固防止起鼓开裂，并使抹灰表面平整，保证工程质量，一般应分层涂抹，即底层、中层和面层（也称罩面层）。底层主要起与墙体粘结的作用；中层主要起找平的作用；面层是起装饰作用。

73. 根据抹灰部位如何选用不同砂浆？

答：抹灰所用的砂浆品种，一般应按设计要求选用，如设计无要求时，则应符合下列规定：

(1) 外墙门窗洞口、屋檐、勒脚等，用水泥砂浆或水泥混合砂浆。

(2) 温度较大的房间和工厂车间，用水泥砂浆。

(3) 混凝土板、墙的底层抹灰，用水泥砂浆。

（4）硅酸盐砌块的底层抹灰，用水泥混合砂浆。

（5）板条、金属网顶棚和墙的底层和中层抹灰，用麻刀灰砂浆或纸筋石灰砂浆。

（6）加气混凝土砌块和板的底层抹灰，用水泥混合砂浆或聚合物水泥砂浆。

74. 抹灰前应对哪些项目进行检查交接？

答：（1）主体结构和水电、暖工、煤气设备的预埋件以及消防梯、雨水管管箍、泄水管阳台栏杆、电线绝缘的托架等安装是否齐全和牢固，各种预埋铁件、木砖位置标高是否正确。

（2）门窗框及其他木制品是否安装齐全并校正后固定，是否预留抹灰层厚度，门窗口高低是否符合室内水平线标高。

（3）板条、苇箔或钢丝网吊顶是否牢固，标高是否正确。

（4）水、电管线、配电箱是否安装完毕，有无漏项；水膜管道是否做过压力试验；地漏位置标高是否正确。

75. 抹灰基体的表面应作如何处理？

答：（1）墙上的脚手眼、各种管道洞口、剔槽等应用1:3水泥砂浆填嵌密实或砌好。

（2）门窗框与立墙交接处应用水泥砂浆分层嵌塞密实。

（3）基体表面的灰尘、污垢、油渍、碱膜、沥青渍、粘结砂浆等均应清除干净。

（4）混凝土墙、砖墙等基体表面的凹凸处，要剔平或用1:3水泥砂浆分层补平。

（5）平整光滑的混凝土表面如设计无要求时，可不抹灰，而用刮腻子处理。否则应进行凿毛，方可抹灰。

76. 内墙抹灰饰面如何做标志块？

答：内墙面抹灰饰面做标志块，即在2m左右高度、离墙两阴角100～200mm处，用底层抹灰砂浆各做一个标准标志块，厚度为抹灰层厚度，大小50mm左右见方。以这两个标准标志块为依据，再用托线板靠、吊垂直确定墙下部对应的两个标志块厚度，其位置在踢脚板上口，使上下两个标志块在一条垂直线上。标志块做好后，再在标志块附近砖墙缝内钉上钉子，栓上小线挂水平通线，然后按间距1.2～1.5m左右，加做若干标志块，凡在窗口、垛角处必须做标志块。

77. 内墙抹灰如何做标筋?

答：内墙抹灰做标筋，就是在上下两个标志块之间先抹出一长条梯形灰埂，其宽度为100mm左右，厚度与标志块相平，作为墙面抹灰填平的标志。做法是在上下两个标志块中间先抹一层灰带，收水后再抹第二遍凸出成八字形，要比标志块凸出10mm左右，然后用木杠紧贴标志块左上右下搓，直至把标筋搓得与标志块搓平为止。同时要将标筋的两边用刮尺修成斜面，使其与抹灰层接槎顺平。标筋用砂浆，应与抹灰底层砂浆相同。

78. 门窗洞口如何做护角?

答：门窗洞口做护角：抹护角时，以墙面标志块为依据，首先要将阳角用方尺规方，靠门框一边，以门框离墙面的空隙为准，另一边以标志块厚度为据。最好在地面上画好准线，按准线贴好靠尺板，并用托线吊直，方尺找方。然后，在靠尺板的另一边墙角面分层抹1∶2水泥砂浆，护角线的外角与靠尺板外口平齐；一边抹好后，再把靠尺板移到已抹好护角边，用钢卡子稳住，用线坠吊直靠尺板，把护角的另一边分层抹好。最后在墙面用靠尺板按要求尺寸沿角留出50mm，将多余砂浆以45°斜面切掉，墙面和门框等落地灰应清理干净。

79. 外墙抹灰应注意哪些质量问题?

答：（1）抹灰面空鼓、裂缝。主要是基体清理不干净，墙面浇水不透或不均匀，一次抹灰过厚或各层抹灰时间间隔太近。

（2）抹灰面有明显接槎。主要是墙面没有分格，留槎位置不对，应将接槎位置留在分格线处或阴阳角和落水管处。砂浆没有统一配料。

（3）阳台、雨篷、窗台等抹灰面在水平和垂直方向不一致。在结构施工中，现浇混凝土或构件安装要校正准确，找平找直，减少结构施工偏差。抹灰前在阳台、雨篷、窗台等处拉水平和垂直方向接通线找平找直找正。

（4）分格缝不直不平，缺棱错缝。在分格处拉水平和垂直通线并弹上标准线。木制分格条使用前要在水中浸透。水平分格条一般应粘在水平线下边；竖向分格条一般应粘在垂直线左侧。这样便于检查，防止发生错缝不平等现象。

80. 顶棚抹灰应注意哪些质量问题？

答：顶棚抹灰应注意以下质量问题。

（1）顶棚抹灰易出现抹灰层空鼓和裂纹，抹灰面层起泡、有抹纹等。产生的原因主要是因为基体清理不干净，一次抹灰太厚，没有分层赶平，一般每遍抹灰应控制在5mm以内。

（2）顶棚在罩面灰抹完后，要等待罩面灰收水后再进行压光。压光时，抹子要稍平，由前往后按顺序压光，就不会出现起泡和抹纹现象。

81. 水泥砂浆地面质量问题有哪些，如何防治？

答：（1）地面起砂。应严格控制砂浆的水灰比，水泥砂浆的稠度以手捏成团稍稍出浆为宜；原材料质量符合要求，严格控制配合比。压光应在水泥砂浆终凝前完成，连续养护时间在7d以上。

（2）空鼓裂纹。基体清洗干净，涂刷素水泥浆粘结层与铺设砂浆要同时进行，砂浆搅拌要均匀。禁止表面撒干水泥压光，会造成砂浆与水泥收缩不一致，产生裂纹。

（3）地面倒泛水。按设计要求将坡度找准确，在做灰饼冲筋后仔细检查泛水坡度。

82. 楼梯抹灰弹线具体步骤如何？

答：楼梯抹灰弹线分步：楼梯踏步，不管是预制的踏步板，或现浇踏步板。在结构施工阶段的尺寸，必然有些误差，因此要放线纠正。放线方法是，根据平台标高和楼面标高，在楼梯侧面墙上和栏板上先弹一道踏级分步标准线。抹面操作时，要使踏步的阳角落在斜线上，并且距离相等；每个踏步的高（踢脚板）和宽（踏步板）的尺寸一致。对于不靠墙的独立楼梯无法弹线，应左右上下拉小线操作，以保证踏步的尺寸一致。

83. 滴水槽、滴水线具体做法如何？

答：外窗台抹灰，在底面一般都做滴水槽或滴水线，以阻止雨水沿窗台往墙面上淌。滴水槽的做法通常在底面距边口2cm处粘分格条，成活后取掉即成（滴水槽的宽度及深度均不小于10mm，并要整齐一致）；或用分格器将这部分砂浆挖掉，用抹子修正。窗台的平面应向外呈流水坡度。滴水线的做法是将窗台下边口的直角改成锐角，并将这角往下伸约10mm。

84. 拉毛洒毛的花纹不匀，产生原因是什么和如何防治？

答：(1) 产生原因：有砂浆稠度的变化，罩面灰浆厚薄不均匀，粘、洒罩面灰浆用力不一致；基层吸水快慢不同，局部失水快，拉、甩浆后呈现灰少浆多的现象，颜色也比其他部分深；未按分格缝或工作段成活，造成接槎。

(2) 防治措施：砂浆稠度应控制，以粘、洒罩而灰浆不流淌为宜；基层应平整，灰浆厚度应一致，拉毛时用力要均匀、快慢一致；基层洒水湿润，浇匀浇透，保证饰面花纹、颜色均匀；操作时应按分格缝按工作段成活，不得任意甩槎；拉毛后发现花纹不匀，应及时返修，铲除不均匀部分，再粘、洒一层罩面灰浆重新拉毛。

85. 滚涂法如何操作？

答：滚涂法分干滚和湿滚两种：

(1) 干滚法一般上下一个来回，再往下走一遍表面均匀滚毛，滚涂时不蘸水，滚出的花纹较大，工效较高。滚涂遍数过多易产生翻砂现象。如果出现翻砂，应再薄抹一层砂浆重新滚涂，不得在墙上洒水重滚，否则会局部析白。

(2) 湿滚法，是滚子反复蘸水，滚出的花纹较小，花纹不均能及时修补，但工效稍低。湿滚法要求随滚随用滚子蘸水上墙，一般不会有翻砂现象，但应注意保持整个表面水量大体一致，否则水多的部位颜色较浅。成活时滚子运行方向必须自上而下使滚出的花纹有一个自然向下的流水坡度，以减少日后积尘污染墙面。横滚的花纹易积尘污染，不宜采用。

86. 滚涂饰面颜色不匀产生的原因及防治措施分别是什么？

答：滚涂饰面：

（1）颜色不匀产生的原因是湿滚法滚子蘸水量不一致；材料规格、质量不一样。

（2）颜色不匀防治措施施工时用湿滚法滚子蘸水量应一致；原材料应一次备齐；颜料应事先拌均匀备用；配制砂浆时必须严格掌握材料配合比和砂浆稠度，不得随意加水。

87. 弹涂饰面出现流坠现象的原因是什么，如何防治？

答：弹涂饰面出现流坠现象，其产生原因和防治措施如下：

（1）流坠产生原因砂浆过多，配合比不准，或基层过潮。

（2）流坠防治措施是施工时，要掌握水灰比，并根据基层干湿度调整水灰比。

88. 弹涂饰面拉丝、色点大小不一样的产生原因是什么如何防治？

答：弹涂饰面拉丝、色点大小不一样的产生原因和防治措施如下：

（1）拉丝、色点大小不一样，产生原因是色浆中胶液过多或气温过高或操作技术不熟练。

（2）拉丝、色点大小不一样的防治措施是施工时配合比要准确，操作时，要拌匀；水分蒸发快时，要随时加水搅拌；先熟练掌握弹涂器的操作，再进行施工；弹涂器内剩余浆料要一致，控制好与墙面的距离，移动速度要均匀等。

89. 水刷石面层出现空鼓的原因是什么，如何防治？

答：水刷石面层出现空鼓的原因和防治措施如下：

（1）空鼓产生的原因是基体清理不干净，墙面浇水不透或不匀，各层抹灰时间间隔太短。

（2）空鼓的防治措施是必须按要求处理好基体，水要浇透浇匀，抹素水泥浆后要立即抹石粒浆。

90. 水刷石饰面不清晰、颜色不一致产生原因是什么，如何防治？

答：水刷石饰面不清晰、颜色不一致，其产生原因和防治措施如下：

（1）饰面不清晰、颜色不一致，其产生原因是墙面没有抹平压实，冲刷不彻底；原材料没有一次备齐，级配不一致。

（2）饰面不清晰，颜色不一致，其防治措施是石粒原材料要一次备齐，并冲洗干净备用，罩面灰抹完后要用直尺检查平整度，稍收水后，用铁抹子多次抹压拍平，冲洗从上而下顺序，最后用小水壶将灰浆全部冲净。

91. 民用建筑分哪两大类？

答：（1）居住用的房屋（包括住宅、宿舍、公寓、宾馆等）和公用房屋（包括办公大楼、医院、学校、图书馆、展览馆、体育馆、商店、商场、邮局以及各类车站等）。

（2）工业建筑、各类工业厂房、发电站、储存生产用的原材料仓库等。

92. 石材有几个类别？

答：石材分天然石材和人工加工而成的石材块料两类。天然石材又分大理石和花岗岩两种，大理石一般用于室内较多，花岗岩通常用于室外，也有用在室内。

天然石材是通过开采获得毛料，经过加工制成的块状，利用天然石材的颜色、质地和纹理作装饰材料用，具有一种自然美，用破碎料加工而成的块料是不能替代的。

93. 防水浆的性能和用途有哪些？

答：防水浆是混凝土的掺和料，具有速凝、密实、防水、抗渗、抗冻等性能。

砂浆中加入防水浆，可用于地下室、水池和水塔等工程防水。

94. 聚合物砂浆的性能和作用有哪些？

答：聚合物乳液目前品种有：聚醋酸乙烯乳液、不饱和聚酯（双酚 A 型）、环氧树脂等。

聚合物水泥砂浆的粘结力强、具有耐腐蚀、耐磨和抗渗等性能，可用于地面、体育看台、耐磨及耐寝室地面。

95. 一般抹灰工程常用的砂浆有哪些？

答：一般抹灰工程常用砂浆有石灰砂浆、水泥砂浆、水泥混合砂浆、纸筋石灰、麻刀石灰和石灰膏。

96. 抹灰为什么要分层？作用是什么？

答：抹灰层主要用于基层各层之间粘结牢固。普通抹灰的抹灰厚度为20mm，高级抹灰厚度为25mm。根据国家规范标准，抹灰总厚度应大于等于35mm，否则要采取加强措施，加强网与各体的搭界宽度不应小于100mm。

（1）底层——主要的作用是使抹灰与基层粘结牢固。

（2）中层——主要的作用是找平，也使中层抹灰与底层之间粘结牢固。

（3）面层——主要的作用是装饰，对面层的要求是平整，无裂痕，色泽均匀，也应与其他抹灰层之间粘结牢固。

1.4 计算题

1. 楼梯间的内墙面石灰砂浆工程量为250m^2，施工系数为1.25，其时间定额规定为0.105工日/m^2。抹水泥砂浆明护角线50m，其定额规定为0.016工日/m，采用常日制施工，班组出勤人数为15人。试求：（1）计划人工是多少？（2）完成该分项工程需要总天数？

解：（1）计划人工为：

$$1.25 \times 250 \times 0.105 + 50 \times 0.016 = 33.61 \text{人}$$

（2）完成该分项工程需要的总天数为：

$$33.61 \div 15 = 2.24\text{d}$$

答：计划人工33.61人；完成该分项工程需要总天数为2.24d。

2. 已知抹灰用水泥砂浆体积比为1∶4，求以重量计算的水泥和砂子用量（砂空隙为32%）（砂表观密度为1550kg/m^3，水泥密度为 1200kg/m^3）。

解：（1 +4） −4 ×0. 32 =3. 72

1 ÷3. 72 =0. 27m^3

则砂体积为：0. 27 ×4 =1. 08m^3

水泥体积为：0. 27m^3

砂用量：1. 08 ×1550 =1674kg

水泥用量：0. 27 ×1200 =324kg

答：以重量计的水泥用量为 324kg；砂子用量为 1674kg。

3. 按配合比计算,砂浆搅拌机每拌一次需加入黄砂 148kg,若现场黄砂的含率为3%。试问:湿砂用量应是多少?（精确至公斤）

解：湿砂用量 =148 × （1 +3%） =152kg

答：湿砂用量为 152kg。

4. 某工程地面抹灰采用水泥砂浆加颜料，砂浆用量 10m^3，实验室配合比每立方米砂浆各材料用料为 42. 5 级水泥 507kg，砂浆 1630kg，颜料 20kg，水 0. 3m^3。求：各种材料的用量?

解：水泥：10 ×507 =5070kg

砂：10 ×1630 =16300kg

颜料：10 ×20 =200kg

水：10 ×0. 3 =3kg

答：水泥用量为 5070kg，砂 16300kg，颜料 200kg，水 3kg。

5. 某工程外墙混合浆抹面，工程量为 1245m^2，在劳动定额编号 3—154 中，每 10m^2 混合砂浆抹面需综合人工 1. 512，抹灰工 0. 822，普工 0. 692。问：该项工程需用工的数量各是多少?

解：1245 ÷10 =124. 5

综合工：124. 5 ×1. 51 =188 工日

抹工：124. 5 ×0. 82 =102 工日

普工：124. 5 ×0. 69 =86 工日

答：该项工程需用工的数量分别为：综合工 188 工日、抹工 102 工日、普工 86 工日。

6. 外墙墙面采用1:1:6混合砂浆抹灰，外墙抹灰，面积为$3000m^2$，门窗洞口面积为$100m^2$，其产量定额为$6.48m^2$/工日，采用一班制施工，班组出勤人数为20人。试求：（1）完成该抹灰项目工日数（保留整数）。（2）完成该抹灰项目总天数。

解：（1）总工日数：（3000－100）÷6.48＝449工日

（2）总工日：449÷20＝22d

答：完成该抹灰项目工日数为449工日；完成该抹灰项目总天数为22d。

7. 用水泥砂浆铺贴规格150mm×150mm的内墙裙瓷砖，其定额为0.444工日/m^2铺贴面积为$800m^2$，班组出勤人数为12人，采用两班制施工。试求：（1）计划人工多少？（2）完成该分项工程的总天数。

解：（1）计划人工数：800×0.444＝355.2工日

（2）总天数：355.2÷12÷2＝14.8d（约15d）

答：计划人工355.2工日；完成该分项工程的总天数约15d。

8. 已知，某堆黄砂的实际密度为$2.6g/cm^3$，堆积密度为$1560kg/m^3$。试求：该堆黄砂的孔隙率是多少？

解：（1）单位换算$2.6g/cm^3=2600kg/m^3$

（2）$P=(1-1560/2600)\times 100\%=40\%$

答：该堆黄砂的空隙率为40%。

9. 水泥砂浆外墙裙（压光不嵌线）抹灰，并带有出砖线，墙裙尺寸长500m、高60cm，每工产量为$7.19m^2$/工日，同时定额规定，外墙裙若有出砖线，每10m应增加抹灰0.2工日，现采用两班制施工，班组出勤人数为11人。试求：（1）计划人工是多少？（2）完成该项目的总天数？

解：（1）计划人工：500×0.6÷7.19＋50×0.2＝51.7工日

（2）总天数：51.7÷11÷2＝2.35d

答：计划人工是51.7工日；完成该项目的总天数为2.35d。

10. 某工程内墙面抹灰采用1:3:9的混合砂浆，现场黄砂含水率为3%，若每拌制一次的水泥用量两袋（一袋50kg）。求：此时条件下各种材料的用量是多少？

解：（1）水泥：$50 \times 2 = 100$kg

（2）石灰膏用量：$100 \times 3 = 300$kg

（3）黄砂：$100 \times 9 \times (1 + 3\%) = 927$kg

答：此时条件下水泥用量为100kg，石灰膏用量300kg，黄砂用量927kg。

1.5 实际操作题

1. 民用建筑外墙贴面砖。

考核项目及评分标准

序号	考核项目	分项内容	评分标准	标准分	检测点					得分
					1	2	3	4	5	
1	浸砖、选砖	大小、颜色一致	颜色不一致的酌情扣分；大小超过规定1mm每块扣1分	10						
2	排砖	排砖正确，非整砖位置适宜	阴阳角处压向横排有两排及以上非整砖不得分；阴阳非整砖位置不对酌情扣分；角压向不正确每处扣2分	10						
3	接缝、表面	表面光滑、平整，分格缝均匀顺直	表面平整超过2mm每处扣2分；有5处以上该项无分； 接缝高低差在1mm以上每处扣2分；有5处以上该项无分； 分格缝在5m内；若宽窄有2mm以上偏差每处扣3分；有3条以上该项不得分；若平直度超3mm，每处扣2分；有5条以上则无分	20						

续表

序号	考核项目	分项内容	评分标准	标准分	检测点					得分
					1	2	3	4	5	
4	基层粘结	粘结牢固，无空鼓	两块连在一起的空鼓每块扣2分；5处以上或大面积（10块）不得分	20						
5	工具使用和维护	做好操作前工具的准备，完工后做好工具的维护	施工前、后进行两次检查，酌情扣分	10						
6	安全文明施工	安全生产落手清	有事故不得分，工完场未清不得分	15						
7	工效	定额时间	低于定额的90%，本项无分；在90%～100%内的酌情扣分，超过定额酌情加1～3分	15						
合计				100						

2. 墙面抹灰。

考核项目及评分标准

序号	考核项目	分项内容	评分标准	标准分	检测点					得分
					1	2	3	4	5	
1	抹灰层粘结	粘结牢固、无空鼓裂缝	空鼓裂缝每次扣5分；大面积空鼓本项目不得分	20						
2	抹灰层表面	平整光洁	平整允许偏差4mm，大于4mm每处扣2分；表面毛糙接槎印、抹子印每处扣2分	20						
3	阴角	垂直、顺直	阴角垂直大于4mm，每处扣2分；阴角明显不顺直，每处扣2分	20						

续表

序号	考核项目	分项内容	评分标准	标准分	检测点					得分
					1	2	3	4	5	
4	立面	垂直	大于4mm，每处扣2分	10						
5	工具使用维护	正确使用维护工具	做好操作前工、用具准备、维护好工、用具	5						
6	安全文明施工	安全生产落手清	有事故不得分；落手清未做无分	10						
7	工效	定额时间	低于定额90%，本项无分；在90%～100%直接的酌情扣分；超过定额酌情加1～3分	15						
		合计		100						

3. 水泥梁、柱。

考核项目及评分标准

序号	考核项目	分项内容	评分标准	标准分	检测点					得分
					1	2	3	4	5	
1	表面	平整、光洁	大于4mm每处扣4分；表面毛糙、铁板印、腻灰每处扣2分	15						
2	立面	垂直	大于4mm，每处扣2分	10						
3	阴、阳角	垂直、方正	大于4mm，每处扣3分	15						
4	尺寸	正确	±3mm，不符合要求本项无分	10						
5	粘结	牢固	局部起壳每处扣2分；大面积起壳本项目不及格	10						
6	线角	清晰	掉口、缺角、不清晰处每处扣2分	10						

续表

序号	考核项目	分项内容	评分标准	标准分	检测点					得分
					1	2	3	4	5	
7	工具使用维护	做好操作前工用具准备，完工后做好工用具维护	施工前后两次检查酌情扣分或不扣分	10						
8	安全文明施工	安全生产、落手清	有事故不得分；工完场未清，不得分	5						
9	工效	定额时间	低于定额的90%，本项无分；在90%～100%内的酌情扣分；超过定额酌情加1～3分	15						
合计				100						

4. 水泥踢脚线抹灰。

考核项目及评分标准

序号	考核项目	分项内容	评分标准	标准分	检测点					得分
					1	2	3	4	5	
1	表面	平整、光洁	表面平整大于3mm每处扣2分；表面毛糙、有接槎印每处扣2分	15						
2	出墙	厚度一致	大于2mm每处扣2分，局部起壳不大于40cm每处扣2分；有裂缝、起包，每处扣2分，大面积起壳本项不合格	10						
3	粘结	牢固		5						
4	上口	顺直、清晰	大于4mm，每处扣5分；缺楞掉角每处扣2分；大于3mm每处扣2分；不清晰大于1m本项无分	20						

续表

序号	考核项目	分项内容	评分标准	标准分	检测点					得分
					1	2	3	4	5	
5	立面	无勾、抛脚	有勾、抛脚一处扣2分	10						
6	面层石灰修理	平整、无接槎	粗糙、接槎不平每处扣2分	10						
7	工具使用和维护	做好操作前工具的准备，完工后做好工具的维护	施工前、后进行两次检查，酌情扣分	10						
8	安全文明施工	安全生产落手清	有事故不得分；工完场未清不得分	5						
9	工效	定额时间	低于定额的90%，本项无分；在90%～100%内的酌情扣分，超过定额酌情加1～3分	15						
			合计	100						

5. 水磨石地面抹灰。

考核项目及评分标准

序号	考核项目	分项内容	评分标准	标准分	检测点					得分
					1	2	3	4	5	
1	分格条	水平、垂直、清晰	大于3mm每处扣3分；（接通线）不清晰每处扣2分	15						
2	表面	平整、光滑	大于2mm每处扣3分；砂眼、磨纹每处扣2分	20						
3	粘结	牢固	局部起壳每处扣4分；大面积起壳本项目不合格	10						

续表

序号	考核项目	分项内容	评分标准	标准分	检测点					得分
					1	2	3	4	5	
4	石粒	均匀、清晰	不均匀、不清晰每处扣2分	10						
5	配合比	正确	不符合要求，本项无分	15						
6	工具使用和维护	做好操作前工具的准备，完工后做好工具的维护	施工前、后进行两次检查，酌情扣分或不扣分	10						
7	安全文明施工	安全生产落手清	有事故不得分；工完场未清不得分	5						
8	工效	定额时间	低于定额的90%，本项无分；在90%～100%内的酌情扣分；超过定额酌情加1～3分	15						
合计				100						

第二部分　中级抹灰工

2.1　判断题

1. 从平面图中，可以清楚地看到房屋的长度和宽度以及门、窗等洞口位置。(√)

2. 看施工图总说明，能了解到各部位抹灰做法和工艺技术要求。(√)

3. 建筑总平面图是说明建筑物所在地理位置和周围环境的“整体布置图”。(√)

4. 建筑施工图包括总平面图、平面图、建筑图、结构图、剖面图等。(√)

5. 图纸上标注比例是1:20，即图上尺寸比实际物体缩小1/10。(×)

6. 抹灰的主要作用是使内外墙面及顶棚平整光滑、清洁美观。对于一些有特殊要求的房屋还能改善它的热工、声学、光学性能。(√)

7. 抹灰工程冷作法就是指抹灰用的砂浆直接用冷水拌合。(×)

8. 陶瓷锦砖控制其垂直、平整，主要关键在中层来达到高级抹灰标准。(√)

9. 劳动定额有时间定额和产量定额两种基本形式，且互为倒数。(√)

10. 石膏花饰可用于室内外装饰。(×)

11. 假面砖面层灰厚应为3~4mm。(√)

12. 抹灰时，阳角处要用1∶2 水泥砂浆抹出高1.5 ~2m 护角。(×)

13. 需要防水的部位要采用掺防水剂或防水粉的防水砂浆，不得用一般水泥砂浆。(×)

14. 大理石饰面常用于厅堂馆所、饭店以及高级建筑的外墙装饰上。(×)

15. 拉条灰适用于装饰内墙面或外墙面。(√)

16. 墙面装饰采用大理石，若块材边长大于400mm，应采用砂浆粘贴的安装方法。(×)

17. 天然石饰面板的接缝和勾缝宜采用水泥砂浆，勾缝深度应符合设计要求。(√)

18. 防水砂浆常用于地下室、水塔等需抹防水层的部位(√)

19. 膨胀珍珠岩主要用于配制保温砂浆。(√)

20. 天然砂的含泥量应不大于3%。(√)

21. 耐酸砂浆面层拌好后，应在15℃以上的气温条件下浇水养护20d 左右。(×)

22. 拉毛施工所用材料要随用随进，不可一次进料过多。(×)

23. 热作法施工是指在冬期施工时砂浆用热水拌合的一种施工方法。(×)

24. 全面质量管理是以预防为主的管理。(√)

25. 用活模抹灰线必须两边都用靠尺，模靠在两边靠尺上抹出。(×)

26. 防水砂浆在阴、阳角处要抹成直角，以防渗水。(×)

27. 耐热砂浆搅拌，应保持细骨料干燥，这样便于搅拌。(×)

28. 地基是建筑物的重要组成部分。(×)

29. 空斗墙的优点是既承重又节约砖。(×)

30. 外墙是建筑物的重要组成部分，不仅具有一定的耐久

性，而且有的还要承担荷载。（√）

31. 建筑物内饰面是使房屋内部墙面具有平整光滑和清洁美观的功能，为人们在室内工作、生活改善采光、创造舒适的环境。（√）

32. 楼板和地坪必须依靠面层来解决磨损、磕碰和防止生产、生活及擦洗用水的渗漏。（√）

33. 路面和地面应具有足够的强度，但并不要求表面平整光洁和便于清洁。（×）

34. 用石灰砂浆抹灰砖墙基体，分层做法是用比例为1∶2.5的石灰砂浆抹底层，厚度为7～9mm；用1∶2.5石灰砂浆抹中层，厚度为7～9mm；用1∶1石灰木屑抹面，厚度为2mm。（×）

35. 各种板块楼地表层，铺贴水泥花砖，表面平整度用2m靠尺和楔形塞尺检查，允许偏差不大于3mm。（√）

36. 用水泥混合砂浆抹灰，用于做油漆墙面抹灰，分层做法，用比例为1∶0.3∶3的水泥石灰砂浆抹底层，厚度为7mm；用1∶0.3∶3水泥石灰砂浆抹中层，厚度为7mm；用1∶0.3∶3水泥石灰砂浆罩面，厚度为5mm。（√）

37. 内墙抹灰容易出现空鼓、裂缝质量问题，主要是由于基体清理不干净，墙面浇水湿润不够，砂浆中的水分被墙体吸收，降低了砂浆的粘结度。（√）

38. 顶棚抹灰基层处理。对于预制混凝土楼板，要用细石混凝土灌注预制板缝，以免板缝产生裂纹，并用钢丝刷清除附着的砂子和砂浆。

39. 为防止顶棚抹灰层出现空鼓、裂缝等现象，为此在抹灰时，应先清理干净的混凝土表面刷水后，刮一遍水灰比为0.37～0.4的水泥浆进行处理，方可抹灰。（√）

40. 顶棚面层抹灰。待中层抹灰达到7～8成干，即用手按不软，有指印时，再开始面层抹灰。（×）

41. 无论现浇或预制楼板顶棚，如果人工抹灰，都应进行基体处理，即混凝土表面先刮水泥浆或洒水泥砂浆。（√）

42. 楼地面铺抹的水泥砂浆，第三遍抹压时用劲要稍大些，并把第二遍留下的抹子纹、毛细孔抹平、压实、压光。(√)

43. 楼梯抹灰前，将楼梯踏步、栏杆等基体清理刷净，还要将设置钢或木栏杆、扶手等预埋部分用细石混凝土灌实。(√)

44. 抹灰前，要先检查窗台的平整度，以及与左右上下相邻窗台的关系，即高度与进出是否一致。(√)

45. 外窗台抹灰，在底面一般都做滴水槽或滴水线，以阻止雨水沿窗台往墙上淌。(√)

46. 水泥石灰砂浆拉毛有水泥石灰砂浆和水泥石灰加纸筋砂浆拉毛两种。前者多用于内墙饰面，后者多用于外墙饰面。(×)

47. 抹灰线工具活模，是按灰线的设计要求制成，模口包镀锌薄钢板，适用于梁底及门窗角灰线。(√)

48. 喷涂装饰抹灰，所采用的石灰膏应用钙质石灰块淋成膏状，并在沉淀池中挖取尾部的优质石灰膏。(√)

49. 水刷石用于砖墙，分层做法（体积比），用1∶3 水泥砂浆抹底层、中层，厚度分别为 7 ~ 9mm；刮水灰比为 0.37 ~ 0.4 水泥浆一遍；然后抹面 10mm，其配合比为 1∶1.5。(×)

50. 楼梯抹面操作时，要使踏步的阳角落在踏级分布标准斜线上，并且距离相等，每个踏步的高（踢脚板）和宽（踏步板）的尺寸一致。(√)

51. 在现浇混凝土或水泥砂浆垫层、找平层上做水泥砂浆地面面层时，必须在其抗压强度达到 1.5MPa 后，才能铺设面层，这样才不致破坏其内部结构。(×)

52. 各种灰层受冻或急骤干燥，都能引起产生裂纹或脱落，因此要加强养护。(√)

53. 明沟主要用于屋面部位的排水。(×)

54. 耐酸胶泥配制，应先按配合比将水玻璃和氟硅酸钠进行拌合，再加入耐酸粉。(×)

55. 大理石饰面板吸水率小，在铺设时可以不浸水，直接铺

设。(√)

56. 抹灰总厚度大于35mm应采取加强措施。(×)

57. 水泥混合砂浆抹灰，砖墙基体，分层做法，用1:1:3:5（水泥:石灰膏:砂子:木屑）分两遍成活，木抹子搓平，厚度为15~18mm，适用于有吸声要求的房间。(√)

58. 现浇水磨石楼梯磨光步骤和遍数与地面大面积水磨石相同。(×)

59. 面层抹灰俗称罩面。应在底子灰稍干后进行，底灰太湿会影响抹灰面平整，还可能出现咬色。(√)

60. 内墙抹灰饰面做标志块，厚度为抹灰层厚度，大小为50mm左右见方。(√)

61. 文明施工，按操作规程施工也是建筑工人职业道德的具体体现。(√)

62. 喷涂底层抹灰的质量与水泥砂浆抹面的质量是相同的。(√)

63. 建筑施工图是建筑工程上用的一种能够十分准确地表达出建筑物的外形轮廓、大小尺寸、结构构造和材料做法的图样，是房屋建筑施工时的依据。(√)

64. 弹涂的立面垂直度的检验方法是用2m托线板和尺检查。(√)

65. 施工图的作用是：表达意图、提供施工。(√)

66. 底层抹灰主要起找平的作用。(×)

67. 熟石膏储存3个月后强度降低50%左右。(×)

68. 砂的种类有天然砂和人工砂两种。(√)

69. 金刚砂的硬度大但韧性差。(×)

70. 外墙面喷涂厚度2~3mm。(×)

71. 建筑工程图样中，总平面图的概念十分广泛，这可以理解为一个区域的建筑群体的总体布局，也可以仅仅表示一幢或几幢建筑物的位置及其周围的环境处理。(√)

72. 饰面砖的安装一般有“贴”和“镶”两种。(√)

73. 水泥被称为三大建筑材料之一。(√)

74. 总平面是用来作为对新建筑物进行施工放线，布置施丁现场（如建筑材料堆放场地、运输道路等等）的依据。(√)

75. 顶棚抹灰时，砖墙基体底层和中层均采用1∶3水泥砂浆。(×)

76. 建筑平面图表明建筑物的绝对标高、室外地坪标高。(×)

77. 防水层可分为柔性防水屋面和刚性防水屋面两种。(√)

78. 做水刷石抹灰、砖墙基体底层和中层均采用1∶3水泥砂浆。(√)

79. 建筑立面图用等高线表示地形起伏情况。(×)

80. 建筑施工图是表达房屋建造的规模、尺寸、细部构造的图样。(√)

81. 电气设备施工图主要表示新建房屋内部电气设备的构造及线路走向。(√)

82. 投影图“三等关系”，即“高平齐、长对正、宽相等”。(√)

83. 水泥是气硬性无机胶凝材料。(×)

84. 各类施工图都是用正投影原理，按照“国际”的有关规定画出的。(√)

85. 看一套施丁图的方法应是：先看施工图首页，了解本工程的概况。然后按照由大到小、由粗到细的顺序，依次看“建施”、“结施”、“设施”的各张图样。(√)

86. 拿到施工图样，应先把图样目录看一遍，了解是什么建筑、建筑面积的大小、建设单位、设计单位、图样总数等。从而对这份图样说明的建筑类型有个初步了解。(√)

87. 石膏具有凝结快、自重轻、防火性能较好等特点。(√)

88. 色石渣是由天然大理石及其他石粒破碎筛分而成的。(√)

89. 一般抹灰施工顺序是先内墙后外墙。(×)

90. 保温砂浆重力密度轻、导热系数大，有保温和隔热作用。(×)

91. 看建筑平面图，了解房屋的长度、宽度、轴线尺寸、开间大小、一般布局等。然后再看立面图和剖面图，从而对这幢房屋有一个总体的了解，在脑子中形成这幢房屋的立体形象，即它的规模和轮廓。(√)

92. 立面图主要表示建筑物的外貌，门窗的位置与形式、外墙各部分的做法等。(√)

93. 从剖面图上了解到各层楼面的标高、窗台、窗口、顶棚的高度以及室内的净尺寸等。(√)

94. 工程质量是施工企业经营管理的核心是企业管理的综合反映，也是企业的生命力。(√)

95. 材料验收分为材料数量验收和材料质量验收。(√)

96. 立面图可以反映出房屋从层面到地面的内部构造特征，如屋盖的形式、楼板的构造、隔墙的构造、内门的长度等。(×)

97. 剖面图是与平面图、立面图互相配合的不可缺少的重要图样之一。(√)

98. "三好"即设备好、管理好、维修好。(√)

99. 水泥凝结时间可分为初凝与终凝，初凝时间越早越好。(×)

100. 在平、立剖面图中，由于比例太小，不能表示清楚的部位，即采用局部构造详图。(√)

101. 沿建筑物短轴方向布置的墙称为横墙。(×)

102. 外墙有防风、雨、雪的侵袭和隔热、保温的作用，故又称外围护墙。(√)

103. 不承受外来荷载，仅承受自身重力的墙称为内墙。(×)

104. 普通砖墙厚通常以砖长的倍数来称呼，如一砖半墙，实尺寸为365mm。习惯称呼为37墙。(√)

105. 过梁的高度应根据荷载大小经计算确定，但应为砖厚的倍数（60mm、120mm、240mm）。（√）

106. 底层灰的砂浆沉入度为 10 ~ 20cm 为宜。（√）

107. 石膏堆垛离地 20cm，离墙 30cm。（×）

108. 粗砂的平均粒径不小于 10mm。（×）

109. 为保证结构的安全，砖拱过梁的上部不应有集中荷载（如梁）或振动荷载。（√）

110. 窗台的作用在于将窗上流下的雨水排除，防止污染墙面。（√）

111. 窗台的构造做法通常有砖砌窗台和现浇混凝土窗台两种。（×）

112. 在钢筋混凝土结构的房屋中，防震缝宽度应按房屋高度按比例算出。（×）

113. 砖隔墙有半砖隔墙，空心砖隔墙等。（√）

114. 生产班组的材料管理包括材料的使用和保管两个部分。（×）

115. 班组是企业的基本单位，是企业的细胞，班组建设很重要。（√）

116. 楼板层的顶棚按其房间的使用要求不同分为直接抹面顶棚和吊顶顶棚两种。（√）

117. 楼板层由结构层、顶棚两个基本部分组成。（×）

118. 对地面的要求：平整、光洁、缝隙少，便于清扫，不宜太滑，尽量减少地面缝隙，免藏灰尘。（√）

119. 麻刀、纸筋、草秸用在抹灰层中起拉结作用。（√）

120. 总平面图被列入施工图首页之内。（√）

121. 墙体按所用材料和构造方式可分为实体墙、空体墙、复合墙三种。（√）

122. 大理石饰面板有镜面和光面两种。（×）

123. 缸砖是陶土加矿物颜料烧制而成的，砖块有红棕色和深米黄色两种。（√）

124. 陶瓷锦砖在工厂内预先按设计的图案拼好，在正面粘贴牛皮纸，成为300mm×300mm、600mm×600mm的大张，每小块陶瓷锦砖之间留2mm缝隙。(×)

125. 为了美观及防止缝内积灰，应在面层和顶棚加盖缝板。盖缝板应不妨碍构件之间的自由伸缩和沉降，变形缝内应填纤维棉或稻草等可以压缩变形的材料，并用金属调节片封缝。(×)

126. 在结构布置时，应特别注意阳台的安全问题。对于悬挑阳台，必须防止结构出现倾覆，考虑阳台后部压重的太小，后部压重越小，抗倾覆的力量就越强。(×)

127. 楼梯一般包括楼梯段、平台、栏杆（或栏板）及扶手等组成部分。(√)

128. 楼梯踏步面层做法一般与楼地面相同，所用材料要求耐磨、便于清洁，如用水泥砂浆面层、水泥似米石（豆石）面层、水磨石面层、人造石或缸砖贴面等。(√)

129. 为了防止雨水自由泄落引起对墙面和地面的冲刷而影响建筑物寿命和美观，一般多层及较重要房屋多采用有组织排水。(√)

130. 屋面找平层表面不宜抹得太平太光滑，待其完全干硬后，才能铺设防水卷材。(×)

131. 屋面保护层常用的有豆石保护层、水泥面砖保护层、混凝土保护层。(√)

132. 平屋顶挑檐，亦称檐口、檐头。其作用是集中屋面雨水并进行组织排除。同时，挑檐的长短、位置、形式对于建筑物的立面处理也有很大的影响。(√)

133. 屋顶女儿墙是房屋外墙高出屋面的矮墙，可作为上人屋顶的栏杆，又是房屋外形处理的一种措施。(√)

134. 抗渗性能好、单块面积大、搭接缝隙少的材料如防水卷材、混凝土板材等，可适应于大坡度屋面。(×)

135. 单块材料面积小、孔隙和搭接缝隙多的材料（如小脊

瓦、平瓦等)，适应于小坡度的屋面。(×)

136. 在屋顶下设置顶棚的目的是把屋架、檩条等结构构件遮盖起来，形成一个完整的表面，提高室内的装饰效果，并借顶棚面的反射作用增加室内的亮度，也可利用顶棚来防寒、隔热，使室内保持良好的温度条件。(√)

137. 顶棚内的木料及防寒材料应保持干燥，防止霉烂，故应有通风措施。(√)

138. 门框与墙间的缝隙，需用水泥砂浆填塞密实，以防门框不稳变形。(×)

139. 窗框外面与墙面固定，为了在墙面抹灰时，将砂浆压入，使接缝严密，常在窗框外侧做槽。(√)

140. 窗框与墙的连接，一般是在砌筑砖墙时预先埋设木砖，墙砌好后再将窗框塞入洞口，钉在木砖上。(×)

141. 石灰按加工方法不同可分为钙质石灰和镁质石灰。(×)

142. 石灰按消化速度不同可分为块状生石灰和磨细生灰与消石灰（亦称水化石灰或熟石灰)。(×)

143. 石灰按化学成分不同可分为快速石灰、中速石灰和慢速石灰。(×)

144. 安装饰面板时，基体清理是防止产生空鼓、脱落的关键一环。(√)

145. 砂的主要用途是作为细骨料与胶凝材料用于配制砂浆或混凝土。(√)

146. 安装饰面板的基体应具有足够的稳定性和刚度，对于光滑的基体表面，应进行凿毛处理。(√)

147. 聚合物砂浆应控制在 10d 之内用完。(×)

148. 常温下，石灰膏用于罩面时，应不少于 15d。(×)

149. 在各遍喷涂中，如出现局部流淌现象，可刮去重喷或找补一下。(×)

150. 冬期抹灰施工中，掺有水泥的抹灰砂浆用水，水温不

得超过80℃，砂的温度不宜超过40℃。(√)

151. 阳台在建筑中的位置，可分为挑阳台、凹阳台和半挑阳台。(×)

152. 白水泥的强度等级有32.5号和42.5号两种。(√)

153. 白水泥的白度分为一级、二级和三级。(×)

154. 抹防水砂浆时，底层砂浆用1∶3的水泥砂浆掺入3%～5%的防水剂的防水砂浆。(√)

155. 防水砂浆层做法的总厚度应控制在15～20mm左右。(√)

156. 涂抹耐酸胶泥和耐酸砂浆的环境温度应在10℃以上。(×)

157. 圆柱水刷石一般在柱顶和柱脚有线角。(√)

158. 做水刷石中磨细粉煤灰其细度应过0.08mm方孔筛子，筛余量不小于5%。(√)

159. 瓷砖和釉面砖一般按2mm差距分类选出1～4规格。(×)

160. 脚手架的各杆件离墙面的距离应不小于20～25mm。(×)

161. 对于边长小于40cm薄型小规格块材，可采用粘贴的方法。(√)

162. 造成石板块空鼓的主要原因是：灌浆不饱满、不密实所致。(√)

163. 地面铺贴陶瓷锦砖擦缝待12h后可铺锯末，常温养护3～4d方可。(√)

164. 地面铺贴陶瓷锦砖有软底层铺贴和硬铺贴两种方法。(×)

165. 做现制水磨石楼梯磨光的顺序：先抹扶手再抹踏步。(×)

166. 罩面拉毛一般采用麻刀石灰浆或用水泥砂浆进行拉毛。(×)

167. 扒拉灰操作时，待中层有六成或七成干时再抹罩面灰。(√)

168. 扒拉石面层要求使用的细砾石颗粒以 5 ~ 7mm 的砂浆为最好。(×)

169. 花饰制作的工艺顺序是：制作阴模→浇制阳模→浇制花饰制品。(×)

170. 冬期施工搅拌砂浆时，一般自投料后算起应搅拌 4 ~ 6min。(×)

171. 耐火水泥的配合比为水泥∶耐火水泥∶细骨料 = 1∶0. 65∶3. 3（质量比）。(×)

172. 喷涂层的总厚度应为 5mm 左右。(√)

173. 工地上使用石灰时，常将生石灰加水，使之消解为熟石灰——氢氧化钙，这个过程称为石灰的熟化。(√)

174. 石膏的凝结硬化是一个连续的溶解、水化、胶化、结晶过程。(√)

175. 石膏罩面灰的基层不宜用麻丝石灰砂浆，应用 1∶3 或 1∶2. 5的水泥砂浆或水泥混合砂浆。(×)

176. 浇制石膏花饰用石膏，拌制时宜用竹丝帚不停地搅拌，避免成块，使其厚薄均匀一致。石膏浆应随拌随搅随浇。(√)

177. 建筑石膏适用于室内装饰、隔热保温、吸声和防火等，但不宜用在 85℃以上的地方，因为二水石膏在此温度将开始脱水分解。(×)

178. 菱苦土与木屑拌合，就地浇捣、夯实。菱苦土用于铺制地面，并可调制镁质抹灰砂浆、制造人造大理石及水磨石等，在装饰工程中应用较广。(√)

179. 菱苦土主要成分是氢氧化钙，可用来制造人造大理石和水磨石。(×)

180. 水玻璃在空气中硬化很慢，为了加速硬化，可将水玻璃加热或加入氯化镁作为促凝剂。(×)

181. 水泥是一种良好的矿物胶凝材料。就硬化条件而言，

水泥浆体不但能在空气中硬化，还能在水中硬化，并长期保持和继续提高其强度，故水泥属于气硬性胶凝材料。(×)

182. 现行水泥标准中还有R型水泥品种（即早强型水泥），其强度等级有32.5R、42.5R、52.5R和62.5R，要求其早期强度（3d）达到较高水平。(√)

183. 在抹灰工程中把水泥和砂、水拌合可以配制抹灰用的水泥砂浆，水泥与色石渣可配制各种假石的面层和水磨石，与豆石、砂可配制豆石混凝土，水泥砂浆和水泥混合砂浆可用作铺贴饰面块板的结合层……用途十分广泛。(√)

184. 标准规定普通水泥初凝时间一般为5~8h。(×)

185. 彩色水泥执行白色水泥标准，其品质指标均按白色水泥的相应指标衡量。这种水泥主要可用于配制色浆及彩色砂浆，制造彩色水刷石、水磨石、人造大理石等建筑装饰工程。(√)

186. 砂的主要用途是作为细骨料与胶凝材料配制成砂浆或混凝土用。抹灰工程主要用天然砂，此外，有时还使用石英砂(多用于配制耐腐蚀砂浆、胶泥及其他耐腐材料和耐火材料等)。(√)

187. 天然砂按细度模数（M_x）可分有特细砂（$M_x=1.5\sim0.7$）平均粒径小于0.125mm。(×)

188. 抹灰工程用的石子应耐光、坚硬，不得含有风化的石粒，不得有过量的黏土等有害杂质，使用前必须冲洗干净，并按规格、品种、颜色分类堆放和加盖堆放，干粘石用的石料应保持干燥。(√)

189. 膨胀珍珠岩有多种粗细粒径级配，其密度为80~150kg/m^3。(×)

190. 膨胀蛭石其颗粒单片体积能膨胀5~7倍。(×)

191. 釉面砖的表面应光洁、色泽一致，不得有暗痕和裂纹，无夹心和缺釉现象，整齐方正，无缺棱掉角，釉面砖应分规格、分类覆盖保管。(√)

192. 外墙贴面砖是用作建筑外墙装饰的板状陶瓷建筑材料，

有毛面和釉面两种，一般是属于陶质的，也有一些属于石质的。（√）

193. 铺地砖与外墙贴面砖不宜互用。铺地砖和外墙贴面砖性能不同，铺地砖一般比外墙贴面砖厚（15mm 以上），强度较高，耐磨性较好，吸水率较低（一般不高于 1%），而外墙贴面砖要求吸水率稍高，背纹（或槽）较深（4 ~ 5mm）。(×)

194. 梯沿砖主要用于楼梯、站台等处的边缘，坚固耐磨，表面有鼓起的条纹，防滑性能好，因而又称防滑条。(√)

195. 陶瓷锦砖随着砖的用途日渐广泛，除了用于铺做地外，还用于外墙贴面及内墙装饰等。(√)

196. 玻璃锦砖的形状为背面呈凸形，带有棱线条，四周呈斜角面，铺贴的灰缝呈楔形，与基层粘结较好。(√)

197. 大理石的石质细密，密度一般为 3600 ~ 3700kg/m^3，它如强度较高。大理石饰面板常用于高级建筑物中的墙面、柱面、地面饰面及纪念碑等贴面用。(×)

198. 花岗石中的石英在 753℃时，体积发生剧烈膨胀，使花岗石爆裂，甚至松散。所以，花岗石怕受火烤，施工和坐活过程中应引起注意。(×)

199. 水磨石板装饰效果近似大理石饰面板，但价格较低，常用于建筑物的表面装饰及地（楼）面、墙裙、勒脚、基座、踏步、踢脚板、窗台板、隔断等。(√)

200. 人造大理石是以不饱和聚酯树脂为胶结料，掺以石粉、石粒制成，用盘锯切割成所需规格的板材。(√)

201. 人造大理石最大尺寸可达 950mm × 1050mm，厚度有 6mm、8mm、10mm、15mm、20mm 等。(×)

202. 有机颜料遮盖力强，密度大，耐热和耐光性好，但颜色不够鲜艳。(×)

203. 抹灰用颜料必须具有高度的磨细度、着色力、耐碱性、耐光性、耐水泥、耐石灰，并不得含有膏、盐类、酸类、腐殖土及碳质等物质。(√)

204. 无机颜料颜色鲜明，有良好的透明度和着色力，比有机颜料耐化学腐蚀性好，但耐热性、耐光性和耐熔性较差。(×)

205. 颜料的选择要根据颜料的价格、砂浆的品种、建筑物的使用部位和设计要求而定。做到耐久、美观、适用、经济。(√)

206. 一般饰面颜色为黑色、紫色时用白色水泥作胶结料；一般饰面颜色为粉色、黄色时，用普通水泥为胶结料。(×)

207. 配色时应考虑到颜色湿时较浅，干后转深的特征。(×)

208. 108 胶应用塑料、玻璃或陶瓷容器贮运，冬期应注意避免受冻。受冻后再化开还易溶于水，还可再用，但质量则受到影响。(×)

209. 聚醋酸乙烯乳液系以 44% 的醋酸乙烯和 10% 左右的分散剂乙烯醇以及增韧剂、乳化剂等聚合而成。(×)

210. 甲基硅酸钠主要用于聚合物砂浆喷涂、弹涂饰面。必须密封存放，防止阳光直射，使用时勿触及皮肤和衣服。(√)

211. 草酸在抹灰工程中，主要用于水磨石地面的酸洗。(√)

212. 抹灰工程中用氯化镁，主要用于菱苦土地面面层拌制菱苦土拌合物，要求用工业氯化镁溶液。(√)

213. 羧甲基纤维素为白色絮状物，吸湿性强，易溶于水。主要用于墙面刮大白腻子能起到提高腻子黏度的作用。(√)

214. 地板蜡用于光面饰面板块、现制水磨石、菱苦土面层等，装饰层抛光后做保护层。(√)

215. 金刚石是用胶粘剂将金刚砂粘结而成。有圆形、三角形、长方形等形状，按砂的粒径分号，主要用于磨光水磨石面层。(√)

216. 纸筋，即粗树叶，有干纸筋和湿纸筋（俗称纸浆）两种。(×)

217. 地下室、水池、水塔、储液罐等需要做防水层的部位，常采用掺防水剂或防水粉的防水砂浆。(√)

218. 防水砂浆一般用32.5级以上的普通硅酸盐水泥，也可用矿渣硅酸盐水泥。有侵蚀介质作用部位应按设计要求选用水泥。(√)

219. 在底层抹防水砂浆后，常温下待2.4h后刷第二道防水素水泥浆，素水泥浆的配合比（质量比）为：水泥∶防水油 = 1∶6.3，加适量的水拌合成粥状。(×)

220. 冬期防水砂浆养护的环境温度不宜低于0℃。(×)

221. 防水砂浆五层做法，每层宜连续施工操作，不宜间隔时间太长。各层应紧密结合，不留施工缝。(√)

222. 混凝土墙面抹底层防水砂浆时，其稠度为7～8cm。(√)

223. 混凝土墙面抹防水砂浆，抹面层灰3d后方可刷素水泥浆一道。其配合比（质量比）为：水泥∶水∶防水油 = 1∶1∶0.3。(×)

224. 砖墙面抹防水砂浆，抹灰前3d应用水把墙面浇透，抹灰前再将砖墙洒水湿润。(×)

225. 砖墙面抹防水砂浆时，所有墙的阴角都要做半径150mm的圆角，阳角做成半径50mm圆角，地面上的阴角都要做成半径50mm以上圆角，用阴角抹子捋光、压实。(×)

226. 常用的耐酸胶泥和耐酸砂浆是以水玻璃为胶粘剂，用氟硅酸钠为固化剂，用耐酸料（石英粉、辉绿岩粉、瓷粉等）为填充料，用耐酸砂（石英砂）为细骨料，根据设计要求试验确定的配合比配制而成。(√)

227. 面层的耐酸砂浆抹好后，应在干燥的5℃以上的气温下养护20d左右，其间严禁浇水。(×)

228. 重晶石砂浆的主要成分是硫酸钡，因此，也叫钡粉砂浆，以硫酸钡为骨料制成的砂浆抹面层，对 x 光和 γ 射线（伽马射线）有阻隔作用。(√)

229. 为了保证一定的温度和湿度，在抹重晶石砂浆前应将门窗扇安装好。每层抹好后必须仔细地检查质量，看是否有裂缝，如果有，应铲除，再重新抹好。(√)

230. 砌筑耐热砂浆主要用于烟囱内衬和炉灶内衬。耐热砂浆能长期承受高温辐射，保护结构免受高温辐射热的直接作用。(√)

231. 耐热砂浆的材料要求，水泥要求用大于32.5级的矾土水泥或矿渣水泥。(×)

232. 保温砂浆密度小，导热系数小，故用作房屋墙面抹灰，如室内外温度差较大时，能起到保温隔热作用。(√)

233. 膨胀珍珠岩砂浆采用机械搅拌时，搅拌的时间不宜过长。如能掺入10%~13%的泡沫剂，更能提高其和易性，而对其物理性能没有多大的影响。(×)

234. 抹水刷石线角，应根据施工图设计要求，如简单线角可一次抹成，如多条复杂线角应分层多次抹成。(√)

235. 如果圆柱为两根以上或成排时，要先找出柱子纵、横中心线，并分别弹到柱子上。根据各柱子进出的误差大小及垂直调整误差，来确定抹灰的厚度。(√)

236. 抹灰刷石线角，待中层水泥砂浆有3~4成干后就可以抹水刷石线角，一般先抹圆柱顶水刷石线角，再抹柱身水刷石，最后抹圆柱脚线角。(×)

237. 方、圆柱抹带线角的水刷石的质量验收标准，基本项目是表面石粒清晰，分布均匀，紧密平整，色泽一致，无掉粒和接槎痕迹。(√)

238. 水刷石发生空鼓的主要原因是：基层面没有清理干净或是没有浇水湿润，打底后也没有浇水养护，每层抹灰跟得太紧等（√)

239. 防治水刷石面层墙面脏，颜色不一致的措施是：做水刷石时必须一次备齐料，不要在中途追加材料，而且要有专人配料搅拌。在具体操作时必须按操作工艺要点去做。(√)

240. 如用结构施工的架子时，应按抹灰要求，抹灰工应进行拆改或搭临时架子。（×）

241. 墙面做水刷豆石，一般采用粗砂，其平均粒径为0.35～0.5mm，颗粒要求坚硬、洁净，不得带有黏土、草根、树叶、碱质及其他有机物等有害物质，砂子在使用前要经过5mm孔筛过筛。（×）

242. 墙面做水刷豆石，采用的石灰膏，要使用充分熟化的在池中贮存3d以上的石灰膏，并且石灰膏内不得含有未熟化的颗粒和其他杂物。（√）

243. 墙面做水刷豆石作业条件准备，室外做水刷豆石上口以上部位的活应全部完成，做水刷豆在标高以上外脚手架应拆除完毕。（×）

244. 墙面做水刷豆石吊垂直和套亏找规矩，应根据施工图纸的设计要求标高，弹好抹灰高度水平控制线，然后用靠尺板吊靠墙面的垂直度和平整度，大致确定底层灰的厚度、其最薄处一般不应小于14mm。（√）

245. 顶棚抹灰线的弹线找规矩，根据墙上150cm的水平准线，按照施工图样上灰线尺寸的要求，用钢皮尺或尺杆从150cm的水平准线向上量出弹线的尺寸，房间四周都要量出，然后用粉线甩在四周的立墙上弹一条水平准线。（×）

246. 顶棚抹灰线操作要点，待靠尺板的灰饼全部硬化后，就可以分层抹灰线，要防止一次抹得过厚而造成起鼓开裂。（√）

247. 顶棚抹头道粘结层灰，用1∶2∶4的水泥混合砂浆薄薄地抹一层，在砂浆中略掺一点麻刀，使砂浆与混凝土顶棚和墙面粘结牢固。（×）

248. 如果用石膏抹顶棚罩面灰线，底层、中层及出线灰抹完后，待6～7成干时要稍洒水，用石灰膏∶石膏＝6∶4配好的石膏罩面抹灰线，要求控制在7～10min内用完，推抹至棱角光滑整齐。（×）

249. 顶棚抹灰线时，粘贴上下靠尺时，靠尺的两端头要留出进模和出模的空当，否则无法抹灰线。(√)

250. 顶棚抹灰线时，在上下靠尺粘贴好后，将死模放进去，试着对拉一遍，要求死模推拉时以不卡不松为好。(√)

251. 顶棚灰线接头，要求与四周整个灰线镶接互相贯通，与已经弹好的灰线棱角、尺寸大小、凹凸形状成为一个整体。(√)

252. 室内贴面砖，要求面砖的品种、规格、图案、颜色均匀性必须符合设计规定，砖表面应平整方正，厚度一致，不得有缺棱、掉角和断裂等现象。釉面砖的吸水率不得大于28%。(×)

253. 室内贴面砖，大面积施工前应先做样板墙或样板间，并经质量部门检查合格后，才可正式镶贴。(√)

254. 室内贴面砖前应做好选砖。瓷砖和釉面砖要求选用方正、平整、无裂纹、棱角完好、颜色均匀、表面无凹凸和扭翘等毛病的面砖，不合格的面砖不能用。(√)

255. 室内贴面砖，砖墙面基层的处理方法，首先要将墙面上的孔洞堵严实，检查墙面的凹凸情况，对凸出墙面的砖或混凝土要剔平，并将墙上残存的砂浆、灰尘、污垢、油渍等清理干净，然后浇水湿润。(√)

256. 室内贴面砖，砖墙面抹底灰，先将砖墙面浇水湿润，然后用1∶3水泥砂浆分层抹底层灰，其厚度控制在5mm左右，在刮平压实后，用扫帚扫毛或划纹道，待终凝后浇水养护。(×)

257. 室内贴面砖，一般由阴角开始镶贴，自下而上进行，尽量使不成整块面砖排在阴角处。如有水池、镜框时，必须以水池、镜框为中心往两边分贴。(√)

258. 室内镶贴面砖镶贴边角时，面砖贴到上口必须平直成一线，上口用一面圆的面砖。阳角大面一侧必须用一面圆的面砖，这一行的最上面一块也必须用一面圆的面砖。(×)

259. 冬期在室内贴面砖时，应对所用材料采取保温措施（各材料不得受冻）。镶贴时的砂浆温度不宜低于 -5°C。(×)

260. 室内贴面砖，由于砖墙砂浆配合比不准确，稠度控制不好；砂子含泥量过大；在同一施工面上采用几种不同配合比砂浆，因而产生不同的干缩率等都会造成空鼓。(√)

261. 剔凿面砖时应戴防护镜，使用手持电动机具时，必须有漏电保护装置，操作时戴绝缘手套。(√)

262. 施工前应检查脚手架和作业环境，特别是孔洞口等防护措施是否可靠。(√)

263. 外墙面贴陶瓷锦砖，一般用中砂或细砂。在使用前应过筛。(×)

264. 外墙面贴陶瓷锦砖，在弹线分块数时应注意在同一墙上不得有一排以上的非整砖，并应将其排列在较隐蔽的部位。(√)

265. 外墙面陶瓷锦砖，镶贴后要进行拨缝调整工作，但必须要在粘结层砂浆初凝前进行完毕。(√)

266. 贴陶瓷锦砖的质量标准，质量保证项目是：表面平整、洁净、颜色一致，无变色、起碱、污痕和显著光泽受损处，无空鼓现象。(×)

267. 由于弹线、排砖不仔细，施工时选砖不细，每张陶瓷锦砖的规格尺寸不一致、操作不当等都会造成分格缝不匀。(√)

268. 外墙面陶瓷锦砖镶贴阴阳角不方正主要原因：在打底抹灰前没有按规定吊直、套方、找规矩造成的。(√)

269. 现制美术水磨石地面，采用水泥一般采用 32.5 级以上的硅酸盐水泥、普通硅酸盐水泥。(×)

270. 现制美术水磨石地面，采用玻璃条一般用平板普通玻璃裁制成。其厚度为 2mm，宽 15mm，长度根据分块尺寸确定。(×)

271. 现制美术水磨石地面，采用颜料，要选用有色光，着色力、遮盖力以及耐光性、耐气候性、耐水性和耐酸碱性强的。因此应优先选用矿物颜料，如氧化铁红、氧化铁黄、氧化铁黑、氧化铁棕、氧化铬绿及群青等。(√)

272. 现制美术水磨石地面，底层灰配合比，地面用1:3塑性水泥砂浆、踢脚板用1:3干硬性水泥砂浆。要求配合比准确，拌合均匀。(×)

273. 现制美术水磨石石粒水浆的调配十分重要，计量要求准确。地面石粒水泥浆的配合比为水泥:石粒=1:(1~1.5)；踢脚板石粒浆的配合比为水泥:石粒=1:(2~2.5)。(×)

274. 铺设陶瓷锦砖地面前，地面防水层应做完，并完成蓄水试验。(√)

275. 铺贴地面陶瓷锦砖，抹水泥砂浆结合层，如在“硬底”上铺贴陶瓷锦砖时，应先洒水湿润，然后抹4~4.5mm厚的素水泥浆（宜掺水泥质量的20%的108胶）。(×)

276. 铺贴陶瓷锦砖面层污染严重的原因：由于擦缝没有擦干净，或是不仔细；防治措施：灌缝后要立即擦除余灰，擦到符合要求为止。(√)

277. 假面砖饰面砖墙施工时，彩色饰面砂浆厚2mm，素水泥浆3~4mm。(×)

278. 水磨石楼梯有两种施工方法，即安装预制水磨石楼梯和现制水磨石楼梯。(√)

279. 安装预制水磨石楼梯，防滑条，首先将预制水磨石踏步板面上的防滑条槽内的木条起出来，然后用清水将槽内装满金刚砂水泥浆条后，再用抿子将小条捋成小圆角待24h后浇水养护，要养护3~4d方可上人行走。(×)

280. 预制水磨石踏步板外棱空鼓主要原因是：靠外棱栏杆一端砂浆没堵头，端头不实，插捣时砂浆往下流，没有堵实所致。(√)

281. 对于不靠墙的独立现制水磨石楼梯无法弹线时，应左右上下拉小线来控制楼梯踏步的高、宽尺寸。(√)

282. 现制水磨石楼梯。磨光的顺序一般先磨楼梯梁的侧面，再磨扶手，然后磨踏步。磨时，应根据线角大小，面积大小不同，选用不同的磨石。(×)

283. 喷涂是用挤压式砂浆泵和喷头将聚合物水泥砂浆喷涂于外墙的装饰抹灰。(√)

284. 外墙喷涂聚合物水泥砂浆配制时，应将中和甲基硅酸钠溶液与108 胶直接混合，否则108 胶将失去作用。聚合物砂浆应控制在当天用完。(×)

285. 喷涂时要掌握墙面的干湿度，因喷涂砂浆较稀，如墙面太湿会产生砂浆流淌不吸水，不易成活；太干粘结力差，影响质量。(√)

286. 粒状喷涂时，应根据粒状粗细疏密要求不同而不同，但砂浆稠度、空气压力不应有所区别。(×)

287. 滚涂是将聚合物水泥砂浆抹在墙表面上，用滚子滚出花纹的装饰抹灰工艺。(√)

288. 滚涂主要分为纵向滚涂（用于墙面）和横向滚涂（用于预制壁板）两种操作方法。(×)

289. 滚涂配料必须由专人掌握，严格按配合比配料，控制用水量，在使用时应拌匀砂浆。特别是带色的砂浆，应对配合比、基层湿度、砂子粒径、含水率、砂浆稠度、滚、拉次数等方面严格掌握。(√)

290. 彩色弹涂聚合物水泥砂浆质量配合比，可选用108 胶和乳胶两种，同时使用也可任选用一种。(×)

291. 外墙弹涂水泥色浆质量配合比，当刷底色浆时，白水泥: 颜料: 水: 108 胶 =100: 适量: 45: 20。(×)

292. 喷涂、滚涂、弹涂装饰抹灰面层的外观质量应颜色一致，花纹色点大小均匀,不显接槎,无漏涂、透底和流坠。(√)

293. 分格条（缝）的质量标准应是宽度、深度均匀，平整光滑，棱角整齐，横平竖直、通顺。(√)

294. 拉毛的种类比较多，如拉长毛和短毛、拉粗毛和细毛，

此外还有条筋拉毛等。拉毛装饰抹灰的特点是具有吸声的作用，而且给人一种雅致、大方的感觉。(√)

295. 拉毛砖墙基体，用水泥∶石灰膏∶砂子＝1∶0.5∶2的水泥石灰砂浆抹底层灰和中层灰，其厚度均为3～4mm左右。(×)

296. 水泥石灰砂浆罩面拉毛有水泥石灰砂浆和水泥石灰加纸筋砂浆拉毛两种。前者多用于内墙饰面，后者多用于外墙饰面。(×)

297. 拉毛工艺中拉中等毛时，可用铁抹子，也可用硬毛鬃刷子进行拉毛；拉细毛时，用鬃刷子粘着砂浆拉成花纹。(√)

298. 拉毛时，在一个平面上，应避免中断留槎，并做到色调一致不露底。(√)

299. 用1∶3水泥砂浆洒在中层灰上进行洒毛，在抹底层灰前，应先满刮一遍水灰比为0.37～0.4的水泥浆。(×)

300. 搓毛操作工艺，罩面灰抹平整后就可以搓毛。搓毛时，如果墙面较干，可以边洒水边进行搓毛，不允许干搓，否则会造成颜色不一致。(√)

301. 扒拉灰操作时，待中层砂浆与面层结合牢固后，可用钢丝刷子竖向将表面刷毛扒拉表面，力求表面扒拉均匀、色泽一致、深浅一致。(√)

302. 制作花饰浇制阴模应一次完成，中间不应有接头，要注意浇同一模子的胶水，稠度应均匀一致，并视花饰大小、细密程度及气候确定。(√)

303. 石膏花饰浇灌后的翻模时间，要根据石膏粉的质量、结硬的快慢、花饰的大小及厚度等因素来确定。(√)

304. 当预计连续20d内平均气温低于5℃或当日的最低气温低于－3℃时，抹灰工程应按冬期施工采取一定的技术措施，确保工程质量。(×)

305. 冬期施工，抹灰工程的热源准备，应根据工程的大小、施工方法及现场条件而定。一般室内抹灰应采用热作法，有条

件的使用正式工程的采暖设施。条件不具备时，可设带烟囱的火炉。(√)

306. 冬期施工室内抹灰前，外门窗玻璃应全部安装好，门窗缝隙和脚手架眼等孔洞要全部堵严。(√)

307. 冬期施工，水、砂的温度应经常检查，每小时不少于1次。温度计停留在砂内的时间不应小于8min，停留在水内时间不应少于0.5min。(×)

308. 冬期施工，砂浆中氯化钠的掺入量是按砂浆的总含水量计算的，其中包括石灰膏和砂子的含水量。在搅拌砂浆时加入水的质量，应从配合比中的用量减去石灰膏和砂子的含水量。(√)

309. 冬期冷作法施工，水刷石施工时，采用掺水泥质量10%的氯化钙，另加20%的108胶。底层厚度抹10~20mm，面层可做得较薄，一般4mm左右。(×)

310. 内墙裙抹灰面积以长度乘高度计算，应扣除门窗洞口和空圈所占面积，门窗洞口、空圈和侧壁、顶面和垛的侧面抹灰合并在墙裙抹灰工程量内计算。(√)

311. 装饰抹灰面层为水刷石、水磨石、斩假石、干粘石、喷涂、滚涂、弹涂、仿层和彩色抹灰等。(√)

312. 室外墙面、勒脚、屋檐以及室内有防水防潮要求的，面层采用水泥砂浆时，应采用水泥砂浆打底。(√)

313. 中层抹灰主要起找平作用。使用砂浆沉入度10~12cm，根据工程质量要求可以一次抹成，亦可分层操作，所用材料基本上与底层相同。(×)

314. 面层抹灰层的平均总厚度按规范要求：顶棚板条现浇混凝土和空心砖顶棚为25mm；预制混凝土顶棚为18mm；金属网为20mm。(×)

315. 面层每遍抹灰厚度一般做法，抹水泥砂浆每遍厚度为10~15mm。(×)

316. 水硬性无机胶凝材料既能在空气中硬化，也能更好地

在水中硬化并长久地保持或提高其强度，因而它是建筑工程一种最主要的材料。(√)

317. 白色水泥在使用中应注意保持工具的清洁，以免影响白色。在运输保管期间，不同强度等级、不同白度的水泥须分别存运、不得受潮。(√)

318. 白色及彩色水泥主要用于建筑物的内、外表面装饰、可制作成具有一定艺术效果的各种水磨石、水刷石及人造大理石，用以装饰地面、楼板、楼梯、墙面、柱子等。此外还可制成各色混凝土、彩色砂浆及各种装饰部件。(√)

319. 不同品种、不同强度等级和不同出厂日期的水泥，应分别堆放，不得堆杂，并要有明显标志。要先到后用。(×)

320. 贮存期超过1个月的水泥，使用时必须经过试验，并按试验测定的强度等级使用。如发现有少量结块受潮的水泥，应将结块粉碎过筛，降低强度等级，及时使用到次要工程上去。(×)

321. 受潮水泥的处理及使用。当大部分水泥结成硬块，可粉碎磨细后，不能作为水泥使用，可作为混合材料掺入新鲜水泥中，掺量不超过35%。(×)

322. 石灰在水中或与水接触的环境中，不但不能硬化而且还会被水溶解流失，因此，不宜在与水接触情况下使用。已冻结风化的石灰不得使用。(√)

323. 建筑石膏可用于室内高级粉刷、油漆打底、建筑装饰零件及石膏板等制品，也可作水泥掺合料和硅酸盐制品的激发剂。但不宜用于潮湿和温度超过90℃的环境中。(×)

324. 色石渣质量要求：颗粒坚韧、有棱角、洁净，不得含有风化的石粒。使用时应冲洗干净。(√)

325. 为了便于施工，保证抹灰的质量，要求抹灰砂浆比砌筑砂浆有更好的和易性，同时，还要求能与底面很好的粘结。(√)

326. 抹面砂浆一般用于粗糙和多孔的底面，其水分易被底面吸收，因此抹面时除将底面基层湿润外，还要求抹面砂浆必须具有良好的保水性，组成材料中的胶凝材料和掺合料要比砌筑砂浆多。(√)

327. 用于砖石墙表面（檐口、勒脚、女儿墙以及潮湿房间的墙除外）的抹面砂浆配合比为石灰∶砂＝1∶2～1∶4。(√)

328. 用于干燥环境的墙表面抹面砂浆配合比为：石灰∶黏土∶砂＝1∶1∶4～1∶4∶8。(×)

329. 用于不潮湿房间木质地面基层抹面砂浆配合比为石灰∶石膏∶砂＝1∶4∶2～1∶2∶3。(×)

330. 一般抹灰施工顺序通常是先外墙后内墙，外墙由上而下，先抹阳角线（包括门窗角、墙角）、台口线，后抹窗台和墙面，室内地坪可与外墙抹灰同时进行或交叉进行。(√)

331. 室内其他抹灰是先顶棚后墙面，而后是走廊和楼梯，最后是外墙裙、明沟或散水坡。(√)

332. 做灰饼首先做上部灰饼，在距顶棚25～26cm高度和墙的两端距阴阳角25～26cm处，各按已确定的抹灰厚度做一块正方形灰饼，其大小$15cm^2$为宜。(×)

333. 为使墙面、柱面及门窗洞口的阳角抹灰后线角清晰、挺直，并防止外界碰撞损坏，一般都要做护角线。护角线应先做，抹灰时起冲筋的作用。(√)

334. 室内墙面底、中层抹灰（装档、刮杠）技术要求：将砂浆抹于墙面两标筋之间，这道工序称为装档，底层要低于标筋，待收水后再进行中层抹灰，其厚度以垫平标筋为准，并使其略高于标筋。(√)

335. 当建筑层高低于3.2m时，一般是从上往下抹灰，如果后做地面、墙裙和踢脚板时，要按墙裙、踢脚板准线上口10cm处的砂浆切成直槎，墙面清理干净，并及时清理落地灰。(×)

336. 外墙面抹罩面灰，抹最后一遍时，要有次序地上下挤压，轻重一致，使墙面平整、纹路一致，罩面压光后，用刷子

蘸水，按同方向轻刷一遍，以使墙面色泽、纹路均匀一致。(×)

337. 使用热灰浆拌合水砂的目的在于使砂内盐分尽快蒸发，防止墙面产生龟裂，水砂拌合后置于池内进行消化 1~2d 后方可使用。(×)

338. 外墙面一般抹灰为使颜色一致，要用同一品种、规格的水泥、砂子和灰膏，配合比要一致。带色砂浆要设专人配料，严格掌握配合比，基层的干燥程度应基本一致。(×)

339. 油漆墙面抹混合砂浆，分层做法：1∶3∶0.3 水泥石灰砂浆打底，厚度 15mm；用 1∶0.3∶3 水泥石砂浆罩面，厚度 2~3mm。(×)

340. 抹灰线罩面灰，要根据灰线所在部位的不同，所用材料有所不同。如室内常用石灰膏、石膏来抹灰线，室外常用水刷石或斩假石抹灰线。(√)

341. 抹灰线使用的活模工具，它是用硬木按灰线的设计要求制成，模口仓镀锌薄钢板。活模适用于做顶棚灯光灰线、梁底以及门窗角的灰线等。(√)

342. 砖墙基层石灰砂浆抹灰，分层做法：1∶1 石灰砂浆打底，厚 12mm 用 1∶3 石灰木屑（或谷壳）抹面，厚度 10mm，施工要点，使木屑要过 5mm 孔筛，使用前石灰膏与木屑拌合均匀，经钙化 24h，使木屑纤维软化。此做法适用于有吸声要求的房间。(×)

343. 抹方柱出口线灰，要求出口灰线抹得对称均匀平直，柱面平整光滑，四角棱方正顺直，棱角线条清晰，并处理好与顶棚或梁的接头，看不出接槎。(√)

344. 水池子、窗台水泥砂浆抹灰，分层做法：用 1∶1 水泥砂浆打底，厚度 5mm；用 1∶2.5 水泥砂浆罩面，厚度 13mm。水池子抹灰应找出泛水。(×)

345. 细石混凝土地而起砂的原因是：水泥强度等级不够或使用过期水泥，或配合比中砂用量过大，抹压遍数不够，养护

不好、不及时。(√)

346. 企业的生存和发展均赖于班组的建设和管理，班组的建设加强了，可以大大提高劳动者的素质。(√)

347. 班组是企业计划管理的落脚点，企业月、季、年度计划目标，经过层层分解落实，最后分解为班的月、旬、日分阶段的局部目标。(√)

2.2 选择题

1. 总平面图所用比例较小，按所要求的详细程度可以为A。

A. 1∶500～1∶1000　B. 1∶600～1∶1200

C. 1∶800～1∶1500　D. 1∶1000～1∶2000

2. 同模数的液体水玻璃，其浓度愈稠，则密度A粘结力。

A. 越大；越强　B. 越大；越弱

C. 越小；越强　D. 越小；越弱

3. 建筑配件图图例：表示的是B。

A. 地面检查孔　B. 顶棚检查孔　C. 烟道　D. 通风口

4. 建筑总平面图内容有D。

A. 建筑物绝对标高　B. 室外地坪标高

C. 新建区总体布局　D. 以上都是

5. 冬期施工时，为了提高砂浆的温度，一般可加热水，热水的温度不得超过C。

A. 60℃　B. 70℃　C. 80℃　D. 90℃

6. 顶棚抹灰的顺序为，首先进行基层处理，其次D，第三步抹底层灰，第四步抹中层灰，最后抹罩面灰。

A. 湿润　B. 弹线　C. 湿润弹线　D. 弹线湿润

7. 石灰是用石灰岩经过A℃高温燃烧分解后制成的。

A. 1000～1500　B. 1600～1800

C. 2000～2200　D. 2400～2600

8. 水泥存放时，堆垛高度一般要求不超过B袋。

A. 8　　B. 10　　C. 12　　D. 14

9. 抹面层时砂浆沉入度宜为<u>C</u> cm。

A. 3 ~ 4　B. 5 ~ 6　C. 7 ~ 8　D. 9 ~ 10

10. 普通抹灰内墙厚度应小于<u>D</u> mm。

A. 14　B. 16　C. 18　D. 20

11. 图例 ⫽⫽⫽ 表示<u>A</u>。

A. 素土夯实　B. 木材　C. 石材　D. 金属网

12. 能反映物体的真实形状和大小的投影是<u>B</u>。

A. 中心投影　B. 正投影　C. 斜投影　D. 测投影

13. 不用阳角找方正的抹灰是<u>C</u>。

A. 高级抹灰　B. 特殊抹灰　C. 普通抹灰　D. 中级抹灰

14. 抹灰砂浆中砂子的含泥量不得超过<u>D</u> %。

A. 6　B. 5　C. 4　D. 3

15. 平均粒径为 0. 35 ~ 0. 5mm 的砂子为<u>A</u>砂。

A. 中　B. 粗　C. 细　D. 特细

16. 磨石机有<u>B</u>两种。

A. 单转和双转　B. 单盘和双盘

C. 单磨和双磨　D. 单轮和双轮

17. 墙厚名称：砖厚，习惯称呼 24 墙，实际尺寸为<u>C</u> mm。

A. 115　B. 178　C. 240　D. 365

18. 梁端伸入墙内的长度不应小于<u>D</u> mm。

A. 180　B. 200　C. 220　D. 240

19. 窗台表面宜用<u>A</u>水泥砂浆抹面。

A. 1∶3　B. 1∶2. 5　C. 1∶2　D. 1∶1. 5

20. 散水宽度一般为<u>B</u> m 左右。

A. 0. 5　B. 1　C. 1. 5　D. 2

21. 散水应向外设<u>C</u> %左右的排水坡度。

A. 3　B. 4　C. 5　D. 6

22. 为排除屋面雨水，可在建筑物外墙四周或散水外缘设置明沟。明沟断面根据所用材料的不同做成矩形、梯形或半圆形。

明沟地面应有不小于 D % 的纵向排水坡度，便于雨水顺畅地流至窨井。

A. 0.5　B. 0.7　C. 0.8　D. 1

23. 对于一般地基，沉降缝宽度可取 A mm 左右

A. 50　B. 60　C. 70　D. 80

24. 楼地面的面层直接承受物理、机械和 B 作用（例如：承受摩擦、撞击、浸湿、高温、酸碱侵蚀等）的使用表面作用。

A. 生化　B. 化学　C. 生物　D. 物化

25. 对楼地面的要求在 C 下，不应变形或破坏，在人们经常的活动中不易被磨损。

A. 作用　B. 冲击　C. 荷载　D. 腐蚀

26. 水泥砂浆地面有单层和双层两种。单层做法只抹一层 D mm，在混凝土垫层内不小于 20mm（楼板的变形缝宽度应按计算确定)。

A. 6～12　B. 8～15　C. 10～20　D. 15～25

27. 缸砖用 A mm 厚的 1∶3 水泥砂浆铺砌在结构层上，铺时须平整，保持纵横齐直，并用水泥砂浆嵌缝。

A. 15～20　B. 16～21　C. 17～22　D. 18～23

28. 楼地面变形缝应贯通地面各层，其宽度在面层不小于 B mm，在混凝土垫层内不小于 20mm（楼板的变形缝宽度应按计算确定)。

A. 8　B. 10　C. 12　D. 15

29. 为了防止雨水泛入室内，要求阳台地面低于室内地面 C mm 以上，并在阳台一侧或两侧地面标高处设排水孔，地面抹出排水坡，坡向排水孔。

A. 20　B. 25　C. 30　D. 35

30. 雨篷板顶面应做 D mm 后掺防水剂的 1∶2 水泥砂浆抹面，并翻向墙面至少 250mm。

A. 15　B. 16　C. 18　D. 20

31. 平屋顶一般是用现浇或预制的钢筋混凝土板作为承重结

构，面层上做防水、保温或隔热处理，平屋顶的坡度较小，约 A %。

A. 3　B. 4　C. 5　D. 6

32. 坡屋顶的坡度较陡，一般 B %以上，用屋架作为承重结构，上放檩条及各种屋面面层。

A. 8　B. 10　C. 12　D. 15

33. 所有的灰饼厚度应控制在 B ，如果超过这个范围，则应基层进行处理。

A. 5～30mm　B. 7～25mm　C. 9～20mm　D. 10～15mm

34. 石膏的凝结速度很快，掺水几分钟后就开始凝结，终凝时间不要超过 C min。

A. 20　B. 25　C. 30　D. 40

35. 冲筋的厚度最好要比灰饼高出 D cm。

A. 2.5　B. 3　C. 2　D. 1

36. 普通抹灰表面平整允许偏差为 A mm。

A. 4　B. 5　C. 6　D. 7

37. 做水泥地面面层时，应首先做好 B 。

A. 基层清理工作　B. 防水层或防雨措施

C. 浇水湿润　D. 初步找平

38. 粒径为4mm 的石子被称为 C 。

A. 大八厘　B. 特细砂　C. 小八厘　D. 中八厘

39. 现浇水磨石的颜料中不得含有 D 物质。

A. 粉煤灰　B. 石灰　C. 火山灰　D. 硅酸盐

40. 地面面层施工前应根据墙面 A 水平线进行找平找方工作。

A. +50cm　B. +60cm　C. +70cm　D. +80cm

41. 平屋顶要在承重层上设置隔汽层，可抹 B mm 厚的 M10 水泥砂浆或 10～25mm 厚的沥青砂浆做隔汽层。

A. 15　B. 20　C. 25　D. 30

42. 平屋顶找平层的一般做法是用厚约 C mm 的 1∶3 干硬性

水泥砂浆找平、压实。

A. 10　　B. 15　　C. 20　　D. 30

43. 石灰的熟化为放热反应，熟化时体积增大<u>D</u>倍。煅烧良好、氧化钙含量最高的石灰熟化比较快，放热量和体积增大也较多。

A. 1　　B. 1 ~ 1.5　　C. 1 ~ 2　　D. 1 ~ 2.5

44. 1kg 生石灰可化成<u>A</u>L 石灰膏。

A. 1.5 ~ 3　　B. 2 ~ 3.5　　C. 2.5 ~ 4　　D. 3 ~ 4.5

45. 规范上规定抹灰工程的石灰膏“熟化时间，常温（即在气温 15℃左右的条件）下一般不少于 15d，用于罩面时，不应少于<u>B</u>d。使用时石膏内不得含有未熟化颗粒和其他杂质。

A. 20　　B. 30　　C. 40　　D. 50

46. 磨细生石灰粉具有快干、强度大（比用熟石灰拌成的砂浆强度提高<u>C</u>倍），适于冬期施工、不膨胀等优点，但制造时能源消耗大、成本高。

A. 1 ~ 1.5　　B. 1.2 ~ 1.8　　C. 1.5 ~ 2　　D. 1.8 ~ 2.2

47. 一等建筑石膏凝结时间初凝不早于<u>D</u>min。

A. 2　　B. 3　　C. 4　　D. 5

48. 由于石膏凝结快，所以通常在石膏罩面灰中均匀掺入适量的石膏灰作缓凝剂，其数量应以石膏灰在<u>A</u>min 内凝固为宜。

A. 12 ~ 20　　B. 20 ~ 25　　C. 25 ~ 30　　D. 30 ~ 35

49. 石膏罩面灰的配制方法是先将石灰膏加水搅拌均匀，再根据所用石膏的结硬时间，确定加入石膏粉的数量，并随加随拌合。稠度一般为<u>B</u>cm 即可使用。

A. 8 ~ 10　　B. 10 ~ 12　　C. 13 ~ 15　　D. 16 ~ 18

50. 各种熟石膏都易受潮变质，但是变质速度不一样，其中建筑石膏变质速度较快，所以特别需要防止受潮和避免上期存放，一般储存 3 个月后，强度降低<u>C</u>%左右。

A. 20　　B. 25　　C. 30　　D. 40

51. 菱苦土密度为 2.9 ~ 3.2g/cm^3，约为 800 ~ <u>D</u>kg/m^3。

A. 850　B. 870　C. 880　D. 900

52. 菱苦土与松木屑按 3∶1 调制的混合物，在空气中养护 28d 后的抗压强度能达到<u>A</u> MPa 以上。

A. 40　B. 50　C. 60　D. 70

53. 菱苦土在拌合时用<u>B</u> 进行拌合。

A. 氯化镁溶液　B. 氧化镁溶液　C. 水玻璃　D. 有机硅

54. 符号 $\frac{5}{1}$ 才中的 5 所表示的意思是<u>B</u>。

A. 详图所在全张图纸上　B. 详图编号

C. 标准图册的编号　D. 本图纸编号

55. 下列不属于石膏的特点的是<u>C</u>。

A. 凝结快　B. 自重轻

C. 易用于潮湿环境　D. 不宜久存

56. 玻璃丝的优点是<u>D</u>。

A. 耐冷、耐寒　B. 耐日晒

C. 抗水性好　D. 耐热、耐磨蚀

57. 正投影与侧投影等即所谓的<u>D</u>。

A. 长对正　B. 宽相等　C. 三相等　D. 高平齐

58. 硅酸盐水泥主要成分是<u>A</u>。

A. 硅酸钙　B. 硅酸盐　C. 硅酸锰　D. 硅酸钾

59. 冬期施工时，普通抹灰室内温度应不低于<u>B</u>。

A. 5℃　B. 0℃　C. −5℃　D. 10℃

60. 冬期冷做法施工，即向砂浆或水泥混合砂浆中掺加定量的<u>C</u>。

A. 氧化铁　B. 氧化镁　C. 氯化钠　D. 氯化铁

61. 检查抹灰表面平整度所用的工具是<u>D</u>。

A. 方尺　B. 楔形尺　C. 2m 托线板　D. 2m 靠尺

62. 斩假石中层抹灰用<u>A</u> 水泥砂浆。

A. 1∶2　B. 1∶3　C. 1∶4　D. 1∶1

63. 长毛刷又称<u>B</u>。

A. 猪鬃刷子　B. 软刷子　C. 软毛刷子　D. 钢丝刷子

64. 水泥以<u>B</u>d 的强度划分水泥强度等级。

A. 14　　B. 28　　C. 7　　D. 8

65. 白水泥有 32.5、<u>C</u> 两个强度等级和一、二、三、四 4 个白度等级。

A. 72.5　　B. 62.5　　C. 42.5　　D. 52.5

66. 天然砂的密度：干燥状态为 1500 ~ 1600kg/m^3；堆积和振动下密度为<u>D</u> kg/m^3。

A. 1800 ~ 1900　　B. 1700 ~ 1800

C. 1500 ~ 1600　　D. 1600 ~ 1700

67. 豆石是自然风化的石子，粒径<u>A</u> mm，主要用于豆石混凝土地面。

A. 5 ~ 12　　B. 6 ~ 13　　C. 7 ~ 14　　D. 8 ~ 15

68. 彩色砂、石粒、高温<u>B</u> ℃，低温 -20℃ 不变色，且具有防酸、耐碱性能，是外墙抹灰装饰的理想材料，可做干粘石和水刷石（砂）等。

A. 70　　B. 80　　C. 90　　D. 100

69. 釉面砖吸水率不大于<u>C</u> %。

A. 7　　B. 8　　C. 10　　D. 12

70. 陶瓷锦砖脱纸时间不得超过<u>D</u> min。

A. 25　　B. 30　　C. 35　　D. 40

71. 人造大理石最大尺寸可达 1800mm × 900mm 厚度有 6mm、8mm、10mm、15mm、<u>A</u> mm。

A. 20　　B. 25　　C. 30　　D. 35

72. 108 胶的含固量为<u>D</u>。

A. 8% ~ 10%　　B. 10% ~ 12%

C. 12% ~ 15%　　D. 15% ~ 20%

73. 在水泥或水泥砂浆中掺入适量的 108 胶，可提高水泥（砂）浆的粘结性能<u>C</u> 倍。

A. 0.5 ~ 1.5　　B. 1 ~ 2　　C. 2 ~ 4　　D. 4 ~ 6

74. 石灰在浆池中的存放时间一般不少于<u>B</u> d。

A. 28　　B. 14　　C. 7　　D. 21

75. 喷涂装饰抹灰时，表面平整度允许偏差为 D mm。

A. 1　　B. 2　　C. 3　　D. 4

76. 在物体三个投影面中正对着我们的是 A 。

A. 正投影面　B. 水平投影面　C. 侧投影面　D. 斜投影面

77. 做干粘石，用手甩石粒时，应先甩 B 。

A. 中间　　B. 边缘　　C. 高处　　D. 低凹处

78. 当建筑层高大于 C m 时，一般从上向下抹灰。

A. 5.2　　B. 4.2　　C. 3.2　　D. 2.2

79. 分格条一般应在使用提前 D d 在水池中泡透。

A. 4　　B. 3　　C. 2　　D. 1

80. 用挤压式喷浆泵喷涂时，其工作压力应为 D 。

A. 0.25～0.35MPa　　B. 0.2～0.25MPa

C. 0.15～0.2MPa　　D. 0.1～0.15MPa

81. 装饰抹灰施工时，所用石灰粉，使用前要将其焖透熟化，时间应不少于 B 。

A. 3d　　B. 7d　　C. 14d　　D. 28d

82. 水泥砂浆防水层总厚度不应小于 A mm。

A. 20　　B. 22　　C. 23　　D. 25

83. 安装大理石灌浆时第一次不得超过板高的 B 。

A. 1/2　　B. 1/3　　C. 1/4　　D. 1/5

84. 大理石镶贴高度超过 A m 时，应采用安装的方法。

A. 3.0　　B. 2.0　　C. 4.0　　D. 5.0

85. 斩假石表面平整度允许偏差 B 。

A. 2mm　　B. 3mm　　C. 5mm　　D. 4mm

86. 贴外墙面砖接缝高低允许偏差 B 。

A. 2mm　　B. 1mm　　C. 3mm　　D. 4mm

87. 釉面砖和外强面砖宜采用 1∶2 水泥砂浆镶贴，砂浆厚度为 C 。

C. 4～8mm　　C. 5～9mm　　C. 6～10mm　　D. 7～11mm

88. 抹灰的阴、阳角方正用直角检测尺检查，普通抹灰允许偏差_C_。

A. 4mm　B. 3mm　C. 4mm　D. 5mm

89. 石膏灰面层厚度不得大于_A_mm。

A. 2　B. 3　C. 4　D. 5

90. 普通抹灰，立面垂直度允许偏_C_。

A. 2mm　B. 3mm　C. 4mm　D. 5mm

91. 槽形板的代号是_C_。

A. AB　B. AC　C. CB　D. CD

92. 当墙面高度超过_D_m标筋应做成横向的。

A. 1.5　B. 2.5　C. 4.5　D. 3.5

93. 单面磨光大理石饰面板同块产品的厚度公差不得超过_C_。

A. 1.0mm　B. 3.0mm　C. 2.0mm　D. 4.0mm

94. 镶贴墙面面砖时，面砖要先放入净水中浸泡_C_以上再取出晾干使用。

A. 50min　B. 55min　C. 60min　D. 65min

95. 装饰工程是属于_C_。

A. 单位工程　B. 单项工程　C. 分部工程　D. 分项工程

96. 室内面砖表面平整度的允许偏差为_C_。

A. 1mm　B. 2mm　C. 3mm　D. 4mm

97. 预制水磨石楼梯，防滑条要高出踏步板面_C_。

A. 6mm　B. 8mm　C. 10mm　D. 12mm

98. 装饰工程中，颜料掺量不得大于水泥重量_D_。

A. 10%　B. 15%　C. 25%　D. 20%

99. 石灰砂浆砌筑墙体，抹防水砂浆，须将砖缝剔进_D_深。

A. 7mm　B. 8mm　C. 9mm　D. 10mm

100. 陶瓷锦砖铺贴，接缝宽度调整应在水泥浆_D_操作。

A. 初凝前　B. 初凝后　C. 终凝前　D. 终凝后

101. 楼梯井的宽度在_C_以内，不扣除面积。

A. 10cm　B. 15cm　C. 20cm　D. 25cm

102. 耐酸砂浆应分层涂抹，每层厚度控制在<u>B</u>。

A. 2mm 左右　B. 3mm 左右　C. 4mm 左右　D. 5mm 左右

103. 为防止抹灰层受冻，使其有较好和易性，可掺入<u>D</u>。

A. 生石灰　B. 熟石灰　C. 水泥　D. 粉煤灰

104. 抹灰层的平均总厚度，按规范要求，普通抹灰为<u>B</u>。

A. 10mm　B. 20mm　C. 30mm　D. 40mm

105. 洒毛面层材料，通常采用<u>D</u>。

A. 1:3 水泥砂浆　B. 素水泥浆

C. 1:1:6 混合砂浆　D. 1:1 水泥砂浆

106. 水磨石地坪操作过程中，掺草酸作用是使<u>C</u>。

A. 表面缝隙消除　B. 表面密实

C. 表面清晰、光亮　D. 以上都是

107. 冬期施工，喷涂在聚合物水泥砂浆中可掺入水泥重量<u>B</u>氯化钙。

A. 1%　B. 2%　C. 4%　D. 5%

108. 抹防水砂浆，如遇管道露出基层时，必须在其周围剔成宽、深分别为<u>C</u>的沟槽。

A. 10~20mm，50~60mm　B. 20~30mm，30~40mm

C. 20~30mm，50~60mm　D. 10~20mm，30~40mm

109. 瓷砖接缝宽度一般为<u>B</u>mm。

A. 0.5~1　B. 1~1.5　C. 1.5~2　D. 2~2.5

110. 耐酸砂浆的酸洗，每一次刷洗时间间隔<u>C</u>h，直到表面析出白晶为止。

A. 6　B. 12　C. 24　D. 48

111. 工程质量等级划分为<u>A</u>。

A. 合格、优良二级

B. 合格、良、优三级

C. 不合格、合格、良、优四级

D. 不合格、合格、优良三级

112. <u>C</u>是企业全面质量管理中群众性质量管理活动的基本

组织形式。

A. 工会小组　　B. 施工班组　　C. QC 小组　　D. 施工队

113. 同模数的液体水玻璃，其浓度愈稠，则密度<u>A</u> 和粘结力<u>　</u>。

A. 越大，越强　　B. 越大，越弱

C. 越小，越强　　D. 越小，越弱

114. 达到技术标准的工程（产品），其<u>D</u> 都应达到标准。

A. 可靠性　B. 安全性　C. 经济性　D. A、B、C 三方面

115. 涂抹耐酸胶泥和耐酸砂浆，环境温度应在<u>C</u> 。

A. 0℃　　B. 5℃以上　　C. 10℃以上　　D. 15℃以上

116. 室外块材的安装成比室外地坪低<u>C</u> cm，以免露底。

A. 1　　B. 2　　C. 5　　D. 8

117. 涂抹耐酸胶泥和耐酸砂浆时，基层湿度不应大于<u>B</u> 。

A. 2%　　B. 5%　　C. 8%　　D. 10%

118. 花饰制作和安装工艺流程是<u>A</u> 。

A. 阳模→阴模→浇制花饰→安装

B. 阴模→阳模→浇制花饰→安装

C. 阳模→浇制花饰→阴模→安装

D. 阴模→浇制花饰→阳模→安装

119. 安装大理石灌浆时第一次不得超过板块高度的<u>B</u> 。

A. 1/2　　B. 1/3　　C. 1/4　　D. 1/5

120. 斩假石，表面平整质量允许偏差<u>A</u> mm。

A. 2　　B. 3　　C. 4　　D. 5

121. 水玻璃的浓度通常用<u>A</u> 来表示。

A. 1.0　　B. 1.5　　C. 2.0　　D. 2.5

122. 装饰抹灰施工时,水泥强度等级宜采用<u>A</u> 级颜色一致、同一批号、同一品种、同一强度等级、同一厂家生产的产品。

A. 32.5　　B. 42.5　　C. 52.5　　D. 62.5

123. 用小豆石做水刷石墙面材料时，其粒径为<u>B</u> mm 适宜。

A. 1~2　　B. 5~8　　C. 8~10　　D. 10~12

124. 装饰抹灰施工时，所用石灰粉，使用前要将其焖透熟化，时间应不少于 B 。

A. 3d　B. 7d　C. 14d　D. 28d

125. 预制钢筋混凝土楼板顶棚，在抹灰前需用 D 水泥石灰砂浆将板缝勾实。

A. 1∶0.5∶2　B. 1∶2∶3　C. 1∶0.3∶5　D. 1∶0.3∶3

126. 流水坡度及滴水线（槽）距外表面 B 4cm 滴水线深度和宽度一般不小于 10mm，应保证其坡度方向正确。

A. 不大于　B. 不小于　C. 大于　D. 小于

127. 水刷石面层施工时，分格条边的石粒要略高 A mm。

A. 1~2　B. 2~3　C. 3~4　D. 4~5

128. 在高级装饰工程中，往往采用白水泥白石粒水刷石，为了改善操作条件，可掺入石灰膏，掺入量不超过水泥的 C 。

A. 10%　B. 20%　C. 30%　D. 40%

129. 斩假石施工,抹完面层后须采取 C 措施,浇水养护 2~3d。

A. 防水　B. 防腐　C. 防晒　D. 防冻

130. 斩假石施工时，墙角、柱子边棱，宜横剁出边缘横斩纹或留出窄小边条，从边口进 D mm 不剁。

A. 10~30　B. 10~20　C. 40~50　D. 30~40

131. 外墙斩假石第一层抹灰用 B 水泥砂浆打底。

A. 1∶3　B. 1∶2　C. 1∶2.5　D. 1∶5

132. 斩假石面层抹灰施工时，在气温较低时（5~15℃），宜养护 D d。

A. 1~2　B. 2~3　C. 3~4　D. 4~5

133. 面层斩剁时，为了便于操作及增强其装饰性，棱角与分格缝周边宜留 C mm 镜边。

A. 5~10　B. 10~15　C. 15~20　D. 20~25

134. 干粘石面层施工时，粘结层砂浆的厚度宜为石碴粒径的 B 倍，一般是 4~6mm。

A. 0.5~1.0　B. 1.0~1.2　C. 1.2~1.5　D. 0.5~1.5

135. 干粘石的面层施工后应加强养护，在 D h后，应洒水养护2~3d。

A. 3　　B. 7　　C. 12　　D. 24

136. 假面砖墙面抹灰适用于 D 墙面施工。

A. 外墙　　B. 内墙　　C. 各种装饰墙　　D. 基层

137. 抹灰施工时堵缝工作要作为一道工序安排专人负责，门窗框安装位置准确牢固，用 A 水泥砂浆将缝隙塞严。

A. 1∶3　　B. 1∶2.5　　C. 1∶2　　D. 1∶1.5

138. 清水墙面勾缝所用水泥为 A 普通水泥或矿渣水泥。

A. 32.5　　B. 42.5　　C. 52.5　　D. 62.5

139. 为了防止砂浆早期脱水，在勾缝 C 应将砖墙浇水润湿，勾缝时再适量浇水，但不宜太湿。

A. 前二天　　B. 前三天　　C. 前一天　　D. 前半天

140. 喷涂装饰比普通水泥装饰面性能有所改善，但它还是以普通水泥为主，故它只适用于 B 。

A. 民用与工业建筑内墙　　B. 民用与工业建筑外墙

C. 农业与构筑物外墙　　D. 民用与农业建筑物内墙

141. 弹涂时的色点未干，就用甲基硅树脂罩面，会将湿气封闭在内，诱发水泥水化时析出白色的 A ，即为析白。

A. 氢氧化钙　　B. 氢氧化镁　　C. 氧化钙　　D. 碳酸钙

142. 面砖施工时，纸筋灰和石灰膏经熟化稠度在 D cm左右。

A. 2　　B. 3　　C. 6　　D. 8

143. 面砖在镶贴前清扫干净，然后放入清水中浸泡 B 以上，浸透水后再取出晾干，表面无水迹后方可使用。

A. 1h　　B. 2h　　C. 3h　　D. 0.5h

144. 如镶贴面砖完工后，仍发现有不洁净处，可用 B 的稀盐酸溶液软毛刷刷洗，然后用清水洗净，以免产生变色和侵蚀勾缝砂浆。

A. 5%　　B. 10%　　C. 15%　　D. 20%

145. 面砖施工勾缝应用1∶1水泥砂浆分遍嵌实，一般分

B 遍。

A. 一　B. 二　C. 三　D. 四

146. 陶瓷锦砖铺贴时，水泥浆的水灰比不宜太大，控制在 D 左右。

A. 0.12　B. 0.13　C. 0.23　D. 0.36

147. 瓷砖镶贴时，底层宜用 A 水泥砂浆，贴砖宜用____水泥砂浆。

A. 1∶3，1∶2　B. 1∶2，1∶3　C. 1∶1，1∶2　D. 1∶3，1∶1

148. 大理石饰面板安装时直孔的打法是用手电钻直对板材上端面钻孔两个，孔位距板材两端 C 处，孔径为 5mm，深 15mm，孔位距板背面约 8mm 为宜。

A. 1/2　B. 1/3　C. 1/4　D. 1/5

149. 大理石饰面板安装时，牛鼻子孔法是将石板直立于木架上，使手电钻直对板上端钻孔两个，孔眼居中，深度 C mm 左右。

A. 5　B. 10　C. 15　D. 20

150. 大理石饰面板施工时，第一层稍停 C ，检查板材无移动后，进行第二层灌浆。

A. 2 ~ 3h　B. 0.5h　C. 1 ~ 2h　D. 10 ~ 30min

151. 大理石饰面板打孔时，板宽大于 800mm 的打直孔 B 个。

A. 3　B. 4　C. 5　D. 6

152. 大理石饰面板挂贴法安装时，在铁钩内先下主筋，间距 500 ~ 1000mm，然后按板材高度在主筋上绑扎横筋，构成钢筋网，钢筋为 C 。

A. $\phi 2 \sim \phi 3$　B. $\phi 3 \sim \phi 6$　C. $\phi 6 \sim \phi 9$　D. $\phi 9 \sim \phi 12$

153. 大理石饰面板挂贴法灌浆宜分层灌入，每次不宜超过 B mm，离上口__mm 即停止。

A. 80，200　B. 200，80　C. 100，200　D. 200，10

154. 除了破碎的大理石面，一般大理石接缝在 C mm 左右。

A. 2 ~ 3　　B. 1 ~ 3　　C. 1 ~ 2　　D. 2 ~ 4

155. 花岗岩作外装饰面效果好，具有耐用、抗风化能力强、耐腐蚀等优点，因而主要用于 D 。

A. 工业建筑　A. 农业建筑　C. 民用建筑　D. 公共建筑

156. 花岗石饰面板湿作业法是先在石板上下各钻两个孔径为5mm、孔深为18mm的直孔，同时在石板背面再钻 D 斜孔两个。

A. 35°　　B. 65°　　C. 75°　　D. 135°

157. 花岗石饰面板干作业法锚固完成后，在饰面板与基体结构之间缝中分层灌注 B 水泥砂浆。

A. 1∶3　　B. 1∶2.5　　C. 1∶1.5　　D. 1∶2

158. 磨光花岗石（又称“镜面花岗石”）饰面板一般厚度为 C mm。

A. 10 ~ 20　　B. 12 ~ 20　　C. 20 ~ 30　　D. 30 ~ 50

159. 花岗石饰面施工时，对于较厚的板材拐角，可做成“ D ”形错缝。

A. T　　B.　　C. F　　D. L

160. 花岗石饰面施工时，勒脚饰面多用76mm、 B mm板。

A. 50　　B. 100　　C. 150　　D. 200

161. 在铺砌缸砖或水泥砖前，应把砖用水浸泡 C ，然后取出晾干后使用。

A. 0.5h　　B. 1h　　C. 2 ~ 3h　　D. 3 ~ 5h

162. 预制水磨石地面缝宽不得大于2mm，大理石地面缝宽不得大于 D mm。

A. 3　　B. 4　　C. 5　　D. 6

163. 瓷砖铺完后第 A d，用1∶1水泥砂浆勾缝。

A. 2　　B. 3　　C. 4　　D. 5

164. 国家标准规定，水泥的初凝不早于 A min。

A. 45　　B. 40　　C. 35　　D. 30

165. 108胶的正规名称是 B 。

A. 聚乙烯甲醛醇缩　　B. 聚乙烯醇缩甲醛

C. 聚乙烯甲醛　　D. 聚乙烯醇缩

166. 室内贴面砖的操作工艺顺序中，施工准备后应先 C 。

A. 弹线　B. 基层处理　C. 选砖　D. 吊垂直

167. 菱苦土不用水而用 D 溶液搅拌。

A. 氯化钠　B. 氯化钙　C. 氯化铁　D. 氯化镁

168. 抹耐热砂浆，堆细骨料时，应注意防止混入泥土、杂质，尤其防止混入石灰岩类；否则会降低其 A 。

A. 耐热性　B. 耐碱性　C. 耐酸性　D. 耐水性

169. 抹灰工程量均应按 C 计算。

A. 实际面积　　B. 建筑面积

C. 设计结构尺寸　　D. 图纸预算

170. 镶贴饰面砖前应进行 D 。

A. 基层处理　B. 试拼　C. 弹线　D. 选砖

171. 镶贴面砖前，面砖应放入净水中浸泡，浸泡时间最少要在 B h 以上。

A. 0.5　B. 1　C. 2　D. 3

172. 混凝土墙面抹防水砂浆，抹面层灰 C d 后，刷一道素水泥砂浆。

A. 4　B. 3　C. 1　D. 2

173. 砖墙面抹防水砂浆,各层抹灰的留槎不得留在一条线上,底层与面层抹灰搭槎在 D cm 之间,接槎时要先刷素水砂浆。

A. 4 ~ 8　B. 6 ~ 10　C. 8 ~ 12　D. 10 ~ 15

174. 砖墙面抹防水砂浆施工时，所有墙的阴角都要做半径 A mm 的圆角。

A. 50　B. 40　C. 30　D. 20

175. 耐酸胶泥的配制。配制时应先按配合比规定将耐酸粉和氟硅酸钠拌合均匀，再徐徐加入水玻璃，要求 B min 内不断的搅拌均匀，便制成耐酸胶泥。

A. 4　B. 5　C. 6　D. 7

176. 耐酸砂浆的配合比一般为耐酸粉: 耐酸砂: 氟硅酸钠: 水玻璃 = 100: 250: 11: __C__ 质量比。

A. 65　　B. 70　　C. 74　　D. 78

177. 耐酸砂浆中的氟硅酸钠是__D__。

A. 塑化剂　　B. 108 胶粘剂　　C. 缓凝剂　　D. 固化剂

178. 涂抹耐酸胶泥和耐酸砂浆的环境温度在__D__ ℃以上。

A. -5　　B. 0　　C. 5　　D. 10

179. 涂抹耐酸胶泥和耐酸砂浆，主要基层的湿度不大于__A__ %。

A. 5　　B. 6　　C. 7　　D. 8

180. 耐酸砂浆的酸洗，每一次刷洗时间间隔__C__，直到表面析出白晶为止。

A. 6h　　B. 12h　　C. 24h　　D. 48h

181. 墙面耐酸砖，可用__A__ 镶贴。

A. 耐酸胶泥　B. 沥青　C. 耐酸砂浆　D. 以上都可以

182. 抹耐酸胶泥和耐酸砂浆，面层的耐酸砂浆抹好后，应在干燥的 15℃以上的气温下养护__B__ d 左右，其间严禁浇水。

A. 10　　B. 20　　C. 30　　D. 40

183. 耐酸砂浆中的耐酸湿度不应大于__A__。

A. 1%　　B. 2%　　C. 3%　　D. 5%

184. 制作阳模时，如是大型花饰一般采用__A__。

A. 泥塑　　B. 刻花　　C. 垛花　　D. 堆塑

185. 抹重晶石砂浆在基层处理好后，就可进行按设计要求分层抹灰，要求每层分两次抹（先竖抹、后横抹），每层的厚度应控制在__D__ mm 左右，每层抹灰要连续进行，不得留施工缝。

A. 1　　B. 2　　C. 3　　D. 4

186. 在重晶石砂浆面层抹好后，待第 2d 就可以用喷雾器喷水养护，要求在温度 15℃以上至少养护__A__ d。

A. 14　　B. 12　　C. 10　　D. 7

187. 重晶石砂浆，每次配量必须在__A__ 内用完。

A. 1h　　B. 2h　　C. 3h　　D. 4h

188. 重晶石砂浆，养护温度在<u>D</u>以上。

A. 5℃　　B. 10℃　　C. 12℃　　D. 15℃

189. 抹耐热砂浆，采用水泥要求用大于<u>B</u>级的矾土水泥或矿渣水泥。

A. 22.5　　B. 32.5　　C. 42.5　　D. 62.5

190. 耐热砂浆所用的耐水泥，即采用耐火砖或黏土砖碾碎磨细的粉末，其细度要求通过<u>C</u>孔/cm^2筛子，筛余量不超过15%左右。

A. 3500　　B. 4000　　C. 4900　　D. 5000

191. 膨胀珍珠岩砂浆，要求具有良好的施工和易性及强度，能满足抹灰要求。其稠度控制在<u>D</u> cm。

A. 4~8　　B. 6~8　　C. 5~9　　D. 8~10

192. 为了避免膨胀珍珠岩砂浆干缩裂缝，抹灰应分层操作，其中灰厚度要控制在<u>A</u> mm。待中层稍干时，应用木杠子搓平。

A. 5~8　　B. 9~13　　C. 14~18　　D. 19~25

193. 圆柱抹带线角的水刷石施工，对直径较小的圆柱，可做半圆套板；对直径大的圆柱，应做<u>A</u>圆套板，在套板里皮可包上薄钢板。

A. 1/4　　B. 1/5　　C. 1/3　　D. 1/6

194. 方柱子四角距地坪和顶棚各<u>B</u> cm左右处应贴灰饼。

A. 10　　B. 15　　C. 20　　D. 25

195. 方柱抹带线角的水刷石施工，待柱子四面灰饼贴好后，用<u>C</u>水泥砂浆抹中层灰。

A. 1∶1　　B. 1∶1.5　　C. 1∶3　　D. 1∶4

196. 石膏花饰钉孔，表面应该用<u>B</u>填饰。

A. 白水泥浆　　B. 石膏灰　　C. 油膏　　D. 石灰浆

197. 抹水刷石线角，使用石粒浆应符合设计要求，如小八厘石粒浆，其配合比一般为水泥∶砂∶小八厘石粒=1∶1∶<u>D</u>。

A. 2　　B. 3　　C. 4　　D. 5

198. 水刷石质量标准上口平直允许偏差为<u>B</u>。

A. 2mm　B. 3mm　C. 4mm　D. 5mm

199. 抹水刷石线角，在表面略发黑，且用手指按上去无指痕，用<u>B</u>石粒不掉时，就可进行喷刷冲洗。

A. 木抹子搓　B. 刷子刷　C. 铁抹子铲　D. 凿子凿

200. 外墙面水刷石，阴阳角方正允许偏差<u>C</u>mm，检验方法用20cm方尺和楔尺检查。

A. 1　B. 2　C. 3　D. 4

201. 墙面做水刷豆石采用磨细粉煤灰，岩在砂浆中取代白灰膏时，其最大掺量不宜超过水泥的<u>D</u>%。

A. 35　B. 40　C. 45　D. 50

202. 墙面做水刷豆石，小豆石含泥量不得大于<u>A</u>%，在使用前应过两遍筛子，再用水洗干净备用。

A. 1　B. 2　C. 3　D. 4

203. 墙面做水刷豆石，底层灰的厚度，其最薄处一般不应小于<u>B</u>mm。

A. 6　B. 7　C. 8　D. 9

204. 墙面做水刷豆石，用水喷刷豆石面层，其喷头距离墙面约<u>D</u>cm，直至露出石子，随后用小水壶从上往下轻浇水，冲洗干净。

A. 5~10　B. 30~45　C. 20~40　D. 10~20

205. 顶棚抹灰线施工，当抹罩面灰时，其厚度应控制在<u>C</u>mm左右，要分两遍抹，第一遍用普通纸筋灰抹，第二遍用过窗纱筛子的细纸筋灰抹。

A. 4　B. 5　C. 2　D. 3

206. 顶棚抹灰线，如果用石膏罩面灰线，底层、中层及出线灰抹完后，待6~7成干时要稍洒水，用石灰膏∶石膏=4∶6配好的石膏罩面，抹灰线，要求控制在<u>A</u>h内用完，推抹至棱角光滑整齐。

A. 21~25　B. 16~20　C. 12~15　D. 7~10

207. 抹顶棚复杂灰线粘结层用<u>B</u>。

A. 1∶1∶6 混合砂浆　　B. 1∶1∶1 混合砂浆

C. 1∶2 石灰砂浆　　D. 1∶3 石灰砂浆

208. 室内贴面砖、混凝土基体抹底灰，先用掺水重<u>D</u>%的108胶的素水泥浆薄薄地刷一道，然后紧跟抹底层灰。

A. 7　B. 8　C. 9　D. 10

209. 室内贴面砖加气混凝土基体抹底层灰前，先刷一道掺水重<u>A</u>%的108胶水溶液，紧跟分层抹底。

A. 20　B. 25　C. 30　D. 350

210. 室内贴面砖待砖排好后，应在底层砂浆上弹垂直与水平控制线，一般竖线间距为<u>C</u>m左右。

A. 2　B. 3　C. 1　D. 4。

211. 室内镶贴面砖的环境温度不应低于<u>D</u>°C。因此，应提前做好室内保温和御寒工作。

A. −10　B. −6　C. 0　D. 5

212. 室内贴面砖立面垂直质量要求允许偏差，当采用釉面砖时不得大于<u>A</u>。

A. 2mm　B. 3mm　C. 4mm　D. 5mm

213. 室内贴面砖时，墙面脏时可用棉丝蘸稀盐酸加<u>B</u>%水刷洗，然后再用清水冲洗干净，同时应加强其他工种施工的成品保护工作。

A. 15　B. 20　C. 30　D. 35

214. 外墙面贴陶瓷锦砖在吊垂直、套方、找规矩时要特别注意找好挑檐、腰线、窗台、雨篷等，饰面必须用整砖，而且要有流水坡度和滴水线（槽），其宽、深度不小于<u>D</u>mm，并整齐一致。

A. 7　B. 8　C. 9　D. 10

215. 陶瓷锦砖贴于墙面后，要注意控制好揭纸的时间，一般控制在<u>A</u>mm。

A. 20～30　B. 35～40　C. 45～55　D. 10～15

216. 大理石饰面板的外观要求；磨光面上的缺陷，在整个磨光面不允许有直径超过_C_mm 的明显沙眼和明显划痕。

A. 3　　B. 4　　C. 1　　D. 2

217. 美术水磨石地面面层所用的石粒，应用坚硬可磨的岩石加工而成，其粒径除特殊要求外，一般为_D_mm。

A. 13 ~ 15　　B. 1 ~ 2　　C. 2 ~ 3　　D. 4 ~ 12。

218. 现制美术水磨石地面面层所用分格采用铜条，一般用 1 ~ 2mm 厚铜板，裁成_A_mm 宽，长度根据分块尺寸确定，经调平后使用。

A. 10　　B. 15　　C. 20　　D. 25

219. 水磨石的八字角要抹_B_分格条高度水泥浆。

A. 1/2　　B. 1/3　　C. 1/4　　D. 2/3

220. 水磨石分格条镶好后_C_抹石渣浆。

A. 立即　　B. 12h 以内

C. 常温下养护 2d 以上　　D. 常温下养护 7d 以上

221. 水磨石地坪操作过程中，掺草酸作用是使_C_。

A. 表面缝隙消除　　B. 表面密实

C. 表面清晰、光亮　　D. 以上都是

222. 现制美术水磨石地面所采用的颜料的性能因出厂不同、批号不同，色光难以完全一致。因此，在使用时，每个单项工程应按_B_选用同批号颜料，以保证色光和着色力一致。

A. 模样　　B. 样板　　C. 设计　　D. 样品

223. 现制美术水磨石地面，做完地面垫层，按标高留出水磨石层厚度至少_A_cm。

A. 0. 5　　B. 1　　C. 3　　D. 2

224. 分格条十字交叉处正确的镶嵌方法应是：在分格条十字交叉处的四周抹八字角时，应留出_B_mm 的空隙不抹素水泥浆。这样，在铺设石粒水泥浆时，石粒就能靠近分格条交叉处，待磨光后，外形美观，而且保证了施工质量。

A. 5 ~ 10　　B. 15 ~ 20　　C. 10 ~ 15　　D. 30 ~ 40

225. 美术水磨石地面抛光擦草酸，擦草酸可使用 C %浓度的草酸溶液。

A. 2　B. 5　C. 10　D. 15

226. 陶瓷锦砖（马赛克）地面踢脚线上口平直允许偏差不应大于 A mm。拉5m线，不足5m拉通线和尺量检查。

A. 3　B. 2　C. 4　D. 5

227. 厕浴间地面发生渗漏的主要原因是：施工时没有保护好 B ；穿楼板的管洞没有堵严实。

A. 保护层　B. 防水层　C. 找平层　D. 粘结层

228. 安装预制水磨石踏步板，里口应比外棱高 C mm，铺设好后的各级踏步，外棱必须在同一斜面上。

A. 5～6　B. 4～5　C. 1～2　D. 3～4

229. 安装楼梯休息平台预制水磨石踢脚板，踢脚板出墙厚以 D mm为宜。

A. 25　B. 20　C. 15　D. 10

230. 喷涂所使用的石屑可使用于生产大、中、小八厘石粒的下脚料，如松香石屑、白云石屑等，各种石屑的粒径应在 C mm以下。

A. 6　B. 5　C. 3　D. 4

231. 外墙喷涂砂浆面饰面做法，砂浆稠度应控制在 D cm内。

A. 7～8　B. 9～10　C. 11～12　D. 13～14

232. 喷涂材料使用聚合物水泥砂浆，配制时先配制中和甲基硅酸钠溶液，中和时甲基硅酸钠需计量，中和后的加水量为甲基硅酸钠量的 B 倍。

A. 5　B. 10　C. 20　D. 30

233. 喷涂装饰抹灰粒状喷涂层的总厚度应为 D mm左右。

A. 6　B. 5　C. 4　D. 3

234. 滚涂砂浆的稠度一般控制在 A cm以内。

A. 11～12　B. 13～14　C. 15～16　D. 17～18

235. 弹涂是在墙体表面刷一道聚合物水泥色浆后，用弹涂器将不同色彩的聚合物水泥浆弹在已涂刷的水泥浆涂层上形成 C cm的扁圆形花点，再喷甲基硅树脂或聚乙烯醇缩丁醛酒精溶液，使面层具质感和干粘石装饰效果。

A. 1~2　B. 2~3　C. 3~5　D. 6~10

236. 喷涂、滚涂、弹涂装饰抹灰，分格条（缝）平直允许偏差不应大于 D mm。拉5m线，不足5m拉通线和尺量检查。

A. 7　B. 6　C. 5　D. 30

237. 喷涂、滚涂、弹涂装饰抹灰，阴阳角垂直，允许偏差不应大于 A mm。用2m托线板检查。

A. 4　B. 5　C. 6　D. 7

238. 在中层灰抹平压实后，用木抹子搓平，待中层灰有 B 成干时，可根据墙面干湿程度，洒水湿润墙面，然后抹罩面砂浆拉毛。

A. 4~5　B. 6~7　C. 7~8　D. 8~9

239. 采用水泥石灰另加纸筋拉毛操作时，罩面砂浆配合比是一份水泥按拉毛粗细掺入适量的石灰膏的体积比；拉粗毛时应掺入水泥5%的石灰膏，并加入石膏质量 C 的纸筋。

A. 1%　B. 2%　C. 3%　D. 4%

240. 扒拉石压实压平后，按设计要求四边留出 D mm不扒拉，作为框的形式，也有在格的四个角套好样板做成剪子股弧形，以增加扒拉石外饰面的观感效果。

A. 13~15　B. 9~12　C. 7~8　D. 4~6

241. 浇制石膏花饰所采用的石膏浆，其配合比要根据石膏粉性质来定，一般的用100kg石膏粉加 A kg水，再加10%的水胶，然后用竹丝帚不停地搅拌，拌至桶内无块粒，厚薄均匀一致为止。

A. 60~80　B. 80~90　C. 90~100　D. 100~120

242. 石膏花饰饶灌后的翻模时间，要根据石膏粉的质量、结硬的快慢、花饰的大小及厚度等因素来确定，一般应控制在浇灌 B min左右。

A. 2～4　　B. 5～15　　C. 16～20　　D. 21～30

243. 浇制水刷石花饰，抹石粒浆的厚度控制在<u>D</u> mm 左右，但不宜少于 8mm。

A. 3～4　　B. 5～6　　C. 6～7　　D. 10～12

244. 冬期施工搅拌砂浆的时间应适当延长，一般应自投料完算起，搅拌<u>C</u> min。

A. 8～9　　B. 1～2　　C. 2～3　　D. 4～6

245. 冬期砂浆搅拌应在采暖的房间或保温棚内进行，环境温度不可低于<u>D</u> ℃，砂浆要随拌随运，不可储存和二次倒运。

A. －10　　B. －5　　C. 0　　D. 5

246. 冬期施工，抹灰砂浆涂抹时温度一般不低于<u>A</u> ℃。砂浆抹灰层硬化初期不得受冻。

A. 5　　B. 0　　C. －5　　D. －10

247. 冬期施工，喷涂在聚合物水泥砂浆中可掺入水泥重量<u>C</u> 的氯化钙。

A. 1%　　B. 2%　　C. 4%　　D. 5%

248. 冬期施工调制氯化钙砂浆时，水的温度不得超过<u>D</u> 。

A. 15℃　　B. 20℃　　C. 25℃　　D. 35℃

249. 一般在建筑物封闭之后，室内开始采暖，如普通抹灰环境温度不应低于<u>B</u> ℃。

A. －5　　B. 0　　C. －10　　D. 5

250. 冬期抹灰施工，如为高级抹灰或饰面安装，则不应低于<u>C</u> 到抹灰层干燥为止。

A. －10℃　　B. 0℃　　C. 5℃　　D. －5℃

251. 冬期抹灰施工，当采用带烟囱的火炉进行施工时，室内温度不宜过高，一般可控制在<u>D</u> ℃左右。

A. －5　　B. 0　　C. 5　　D. 10

252. 墙面抹水泥砂浆，室外大气温度为 0～3℃时，氯化钠掺量按砂浆总含水量的<u>A</u> %计（质量比）。

A. 2　　B. 6　　C. 4　　D. 3

253. 挑檐、阳台、雨篷抹水泥砂浆，当室外大气温度为 －6～－4℃时，氯化钠掺量按砂浆总含水量的 B %计。

A. 8　　B. 6　　C. 4　　D. 3

254. 氯化砂浆搅拌时，是先将水和溶液拌合。如用混合砂浆时，石灰用量不得超过水泥质量的 D 。氯化砂浆应随拌随用，不可停放。

A. 1/5　　B. 1/4　　C. 1/3　　D. 1/2

255. 冬期冷作法喷涂施工，喷涂时操作环境温度不宜低于 A ℃。

A. －5　　B. －10　　C. －15　　D. －20

256. 工程量是编制 A 的基本数据，计算的精确程度不仅直接影响到工程造价，而且影响到与之相关联的一系列数据。

A. 预算　　B. 施工方案　　C. 概算　　D. 施工措施

257. 工程量计算要严格按照 B 规定和工程量计算规则，结合图纸尺寸为依据进行计算，不能随意地加大或缩小各部位的尺寸。

A. 国家　　B. 定额　　C. 预算　　D. 造价

258. 坡地建筑物利用吊脚做架空层加以利用且层高超过 C m，按围护结构外围水平面积计算建筑面积。

A. 4. 2　　B. 1. 2　　C. 2. 2　　D. 3. 2

259. 楼梯面的抹灰工程量（包括楼梯阳台）按水平投影面积计算；有斜平顶的乘以系数 B 。

A. 1. 3　　B. 1. 1　　C. 1. 4　　D. 1. 2

260. 预制混凝土顶棚抹灰层的平均总厚度按规范要求应小于 A mm。

A. 18　　B. 19　　C. 20　　D. 25

261. 金属网顶棚抹灰层的平均总厚度按规范要求应小于 B mm。

A. 22　　B. 20　　C. 24　　D. 26

262. 内墙普通抹灰抹灰层的平均总厚度按规范要求应小于

C mm。

A. 20　　B. 21　　C. 18　　D. 19

263. 外墙抹灰层的平均总厚度按规范要求应为 B mm。

A. 21　　B. 20　　C. 22　　D. 23

264. 外墙勒角及突出墙面部分抹灰层的平均总厚度按规范要求应为 C mm。

A. 15　　B. 20　　C. 25　　D. 30

265. 为了适应多种要求，可在硅酸盐熟料中，按一定比例掺入不同混合材料，制成不同特性的水泥。以粒状高炉渣为混合材料，其掺量为水泥成品质量的 B 时，叫矿渣硅酸水泥，即矿渣水泥。

A. 10% ~20%　　B. 20% ~70%

C. 70% ~80%　　D. 80% ~90%

266. 热作法施工，室内温度一般控制在 B 左右。

A. 5℃　　B. 10℃　　C. 15℃　　D. 20℃

267. B 是企业的基本生产单位。

A. 工人　　B. 班组　　C. 工程队　　D. 施工队

268. 班组是企业的基本生产单位，企业生产任务的完成，企业达标升级 B 的实现，最终都要落实到班组。

A. 计划　　B. 规划　　C. 目标　　D. 目的

269. 班织建设的管理内容，即根据企业的目标、方针和施工 C ，有效地组织生产活动，保证全面均衡地完成任务。

A. 方案　　B. 任务　　C. 计划　　D. 方法

270. 班组逢设的管理内容，即广泛开展技术 D 、技术练兵和合理化建议活动，努力培养“多面手”和能工巧匠。

A. 比武　　B. 研究　　C. 学习　　D. 革新

271. 班组质量管理的主要内容，就是要严格按图施工，认真执行国家、行业和地方、企业的技术 A 、规范和操作规程，做到边施工，边自检互检，边改正，确保工程质量符合设计与标准要求。

A. 标准　B. 要求　C. 措施　D. 规定

272. 班组要严格执行上下工序交接检验收制度。做到本 B 质量不合格不交工，上工序不符合要求不进行下工序作业，保证每道工序达到标准。

A. 方案　B. 工序　C. 程序　D. 方法

273. 班组经济核算的 C 是根据班组的特点和生产实际的需要来确定。一般来说，班组在施工生产活动中凡是能够看得见，摸得着、管得了的方面都应该作为核算内容进行核算和反映。

A. 方法　B. 目标　C. 对象　D. 措施

274. 班组机械设备管理所要求的四会：即会 D 、会检查、会维修、会排除故障。

A. 技术　B. 施工　C. 干活　D. 操作

275. 建筑物按使用性质和耐久年限分为 D 级。

A. 二　B. 三　C. 四　D. 五

276. QC 小组基本活动程序是 A 。

A. 按 PDCA 循环办事　B. 按多数成员的意见办事

C. 按领导意图办事　D. 没有固定程序

277. 单位工程施工组织设计的核心问题是确定 C 。

A. 施工平面图　B. 施工计划

C. 施工方案　D. 劳动力安排

278. 施工企业经营管理的核心是 B 。

A. 施工进度　B. 工程质量　C. 生产管理　D. 材料管理

279. 抹灰施工方案编制与 D 有关。

A. 工期计划　B. 工艺流程　C. 施工方法　D. 以上都是

2.3　简答题

1. 简述看建筑施工图的方法和步骤。

答：(1) 看图一般方法是：由外向里看，由大看到小，由粗到细，图与说明互相看，建施图和结施图对着看，这样效果较好。

(2) 看图步骤：1）看目录了解基本概况。2）各类图纸是否俱全。3）看总说明了解建筑概况，技术要求。4）平、立、剖面图。5）建筑施工图与结构施工图结合看。6）各细部、构造、详图。7）根据工种需要掌握重点情况。

2. 影响建筑物使用的因素有哪些？

答：(1) 各种荷载的影响（包括自重、使用荷载、风雪荷载等）。

(2) 气候影响。

(3) 虫害和自然灾害等影响。

(4) 工业厂房的振动及化学侵蚀影响。

3. 雨期装饰施工时要注意些什么？

答：(1) 适当提高砂浆稠度，降低水灰比。

(2) 防雨覆盖材料。

(3) 搭临时棚操作，以免雨水冲刷。

(4) 合理安排施工顺序（晴天在外，雨天在内）。

4. 操作工人的“三检制”工程质量检验主要包括哪些内容？

答：(1) 自检：操作者自我把关，按分项工程质量检验评定标准，随时自我操作检查整改。

(2) 互检：同班组工人，按标准随时对他人操作质量检查并整改。

(3) 交接检：上道工序的施工班组完成后，向下道工序的班级进行交接检查验收。

5. 贴面砖时应注意哪些安全问题？

答：(1) 操作地点必须清理干净，面砖碎片等不要抛向窗外，以免落地伤人。

(2) 剔凿面砖时应戴防护镜，使用手持电动机时，必须有漏电保护装置，操作时戴绝缘手套。

(3) 在夜间或阴暗处作业，应用36V以下低压设备。

（4）施工前应检查脚手架和作业环境，特别是孔洞口等保护措施是否可靠。

6. 分项、分部工程是如何划分的？

答：分项工程一般按主要工程划分，例如：砌砖工程、抹灰工程、油漆工程、钢筋工程等。

分部工程应按建筑的主要部位划分，例如：地基与基础工程、主体工程、门窗工程、装饰工程、屋面工程等。

7. 保温砂浆的操作方法注意什么？

答：保温砂浆的操作方法与石灰砂浆相同，但须注意以下几点：

（1）砂浆质轻、润滑、稠度较大，有良好保水性。基层应酌量洒水。

（2）抹灰厚度要满足要求，根据要求分层操作。

（3）底层抹灰后，隔夜抹中层。

（4）稍湿时搓平，搓时用力不宜过大，否则会影响保温作用。

8. 抹保温砂浆工艺有什么要求？

答：（1）保温砂浆的体积配合比为石灰:膨胀珍珠岩为1:4或水泥:膨胀珍珠岩为1:5，稠度为80~100mm。

（2）抹灰厚度为15mm，分两层和三层成活。有底层、中层和面层之分，底层和中层采用1:4比例，面层一段为纸筋灰罩面，底层与中层之间要隔夜。

（3）抹灰时为一道横抹，一道竖抹，相互垂直。刮杠搓平时用力不能过大，应采用软硬力，质量要求同一般抹灰。

9. 水泥砂浆防水层质量标准主控项目有哪些要求？

答：（1）防水砂浆的原材料、外加剂、配合比及其分层做法必须符合设计要求和施工规范规定。

（2）水泥砂浆防水层各层之间必须粘结牢固、无空鼓。

10. 防水层起砂的原因有哪些？应该如何防范？

答：（1）防水层起砂的原因：1）水泥强度等级低于32.5，

砂含泥量大，砂过细，降低了防水层强度；2）养护时间过短，防水层硬化过程中过早脱水。

（2）防范措施：1）材料质量应符合设计要求，水泥品种和强度符合规范要求；2）防水层压光最后一次，要在水泥终凝前完成，压光不少于 3 遍；3）加强养护措施，防止防水层早期脱水。

11. 防水层渗漏的主要原因是什么？

答：各层抹灰的时间掌握不当，使砂浆粘结不牢。此外，在接槎处，穿墙管、楼板管洞处理不好，也容易造成局部渗漏。

12. 水刷豆石墙面的质量验收标准是什么？

答：水刷豆石墙面的质量验收标准，基本项目标准规定：（1）表面石粒清晰，分布均匀，紧密平整，色泽一致，无掉粒和接槎痕迹。（2）分格缝的宽度和深度均匀一致，条（缝）平整光滑，棱角整齐，横平竖直、通顺。

13. 水刷石墙面脏、颜色不一致的主要原因是什么？

答：（1）墙面没有抹平压实，在凹纹内水泥浆没有冲洗干净，或者是最后没有用水壶冲洗干净。

（2）对于原材料一次备料不够，追加材料与原使用材料颜色不一样，或配合比前后不一样。

14. 水刷石装饰抹灰如何选用石碴？

答：水磨石装饰抹灰选用石碴要求颗粒均匀、坚硬、色泽一致，不含针片和其他有害物质，使用前用清水洗净晾干。可采用粒径 8mm（大八厘）、粒径 6mm（中八厘）、粒径 4mm（小八厘）的石碴（或粒径为 5～8mm 的小豆石）。

15. 水刷石阴角不清晰的主要原因是什么？

答：喷刷阴角时没有掌握好喷头的角度和喷水时间，如果喷水的角度不对，喷出的水顺阴角流量比较大，产生相互折射作用，容易把石子冲洗掉；如果喷刷的时间短，喷洗不干净，都会使阴角不清晰。

16. 试述圆柱带线角的水刷石的操作工艺顺序？

答：（1）找规矩，弹出纵、横中心线。

（2）根据中心线做灰饼、冲筋。

（3）抹底、中层水泥砂浆（套板校正）。

（4）抹水刷石线角（用模扯线角或贴条做法）。

（5）冲刷水刷石（同一般水刷石）。

17. 防治阳角水刷石污染、不清晰的措施是什么？

答：防治阳角水刷石污染、不清晰的措施是：阳角交接处的水刷石面最好分两次抹成，先做一个面，然后做另一个面。在靠近阳角处，按照罩面水泥石粒的厚度，在底层上弹出垂直线，作为抹另一面的依据。这样分两次操作，可以解决阳角不直和不清晰的问题，也可以防止阳角产生石子脱落、稀疏现象，但是在刷洗最后一面墙时要注意保护前一面墙，特别要注意喷头的角度和喷水时间，否则容易造成污染。

18. 水刷石抹灰施工要求是什么？

答：（1）水刷石面层应做在已经硬化、平整而又粗糙的找平层上，涂抹前应洒水湿润。

（2）分格条粘贴在找平层上，应保证做到横平竖直，交接严密，待水泥终凝后即可取出。

（3）涂抹水泥石碴前，应在已浇水湿润的找平层砂浆面上刮一遍水泥浆，其水灰比为0.37～0.40，以加强面层与找平层的粘结。

（4）水刷石面层必须分遍拍平压实，石子应分布均匀、紧密。凝固前，应用清水自上而下洗刷，注意勿将面层冲坏。

（5）因为水刷时形成的混浊雾被风刮后污染已刷完的水刷石表面，易造成大面积花斑，因此，刮大风天气不宜进行水刷石施工。

（6）在施工中，如发现水刷石墙面的表面水泥浆已经结硬，洗刷困难时，采用5%稀盐酸溶液洗刷，然后用清水冲洗，以免发黄。

19. 水刷石抹灰施工中弹线分格、粘分格条的操作内容是什么？

答：水刷石施工时应根据图纸要求弹线分格、粘分格条，分格条宜采用红松制作，粘前应用水充分浸透，粘时在条两侧用素水泥浆抹成45°八字坡形，粘分格条时注意竖条应粘在所弹立线的同一侧，防止左右乱粘，出现分格不均匀，分格条粘好后待底层灰呈七八成干后可抹面层灰。

20. 水刷石冬期施工有哪些要求？

答：（1）为防止受冻，砂浆最好不掺白灰膏，可采用固体积粉煤灰代替，比如抹底子灰可改为水泥：粉煤灰：砂子=1：0.5：4或1：3水泥砂浆。水泥石粒浆可改为1：2的水泥石粒浆。

（2）冬期施工时，水泥砂浆应使用热水拌合并采用保温措施。在涂抹时，砂浆温度不应低于5℃。

（3）抹水泥砂浆时，要采取措施保证水泥砂浆抹好后，在初凝时间不受冻。

（4）采用冻结法砌筑的墙，室外抹灰应待其完全解冻后才能进行。不得用热水冲刷冻结的墙面和消除墙上的冰霜。

（5）进入冬期后，按早上7时30分的大气温度调整外抹砂浆的掺盐量。其掺盐量由试验室决定。

21. 试述大理石饰面板墙面安装时的操作步骤。

答：大理石饰面板墙面安装时先检查钢筋骨架，若无松动现象，在基体上刷一遍稀水泥浆，接着按编号将大理石板擦净并理直不锈钢丝或铜丝，手提石板按基体上的弹线就位。板材上口外仰，把下口不锈钢丝或铜丝绑扎在横筋上，再绑扎板材上口不锈钢丝或铜丝，用木楔垫稳。并用靠尺板检查调整后，再系紧不锈钢丝或铜丝。如此顺序进行。柱面可顺时针安装，一般先从正面开始。第一层安装完毕，要用靠尺板找垂直，用水平尺找平整，用方尺找好阴阳角。如发现板材规格不准确或板材间隙不匀，应用薄钢板加垫，使板材间缝隙均匀一致，以保持每一层板材上口平直，为上一层板材安装打下基础。

22. 饰面板大理石墙面破损、污染由哪些因素造成的？

答：（1）由于板块安装未能及时清洗墙面残留的砂浆。

（2）安装后成品保护不好。

（3）与酸碱类化学物品和有色液体接触。

（4）搬运安装过程中被破坏。

23. 大理石及预制水磨石饰面板安装的工艺流程有哪些？

答：（1）墙面处理；（2）弹线和绑扎钢筋网；（3）饰面板修边打眼；（4）穿丝；（5）饰面板安装；（6）灌浆；（7）擦缝；（8）清洗、打蜡。

24. 饰面板板面有污痕，产生的原因是什么？防止措施是什么？

答：（1）饰面板污痕产生的主要原因是：材料在运输、保管过程中方法不当，操作中未及时清理脏物，成品保护不好等。

（2）主要防治措施是：不宜采用易褪色的材料包装饰面板，操作中即时将板面灰浆等脏物擦净，认真做好成品保护等。

25. 饰面砖镶贴（安装），保证项目有哪些要求？

答：（1）饰面板大理石、预制水磨石板等材料的品种、规格、颜色、图案必须符合设计要求和有关标准的规定。

（2）饰面砖镶贴（安装）必须牢固、无歪斜、缺楞、掉角和裂缝等缺陷。

26. 装饰抹灰工程质量检验标准保证项目内容和检查方法是什么？

答：装饰抹灰工程质量检验标准保证项目内容和检查方法是：各抹灰层之间及抹灰层与基体之间必须粘结牢固，无脱层、空鼓和裂缝等缺陷。检查方法用小锤轻击和观察检查。空鼓而不裂的面积小于200cm^2 者可不计。

27. 装饰抹灰工程基本项目喷涂、滚涂、弹涂质量验收标准是什么？

答：装饰抹灰工程基本项目喷涂、滚涂、弹涂的质量验收标准是：合格品为颜色、花纹、色点大小均匀，无漏涂优良品为：颜色一致，花纹、色点大小均匀，不显接槎，无漏涂、透底和流坠。

28. 装饰抹灰水刷石阴阳角垂直度允许偏差是多少？检查方法是什么？

答：装饰抹灰水刷石阴阳角垂直度允许偏差不应大于4mm。其检查方法用2m托线板检查。

29. 装饰抹灰种类有哪些？

答：装饰抹灰种类有水刷石、水磨石、斩假石、干粘石、假面砖、拉毛灰、洒毛灰、拉条灰、喷涂、喷砂、滚涂、弹涂、仿石和彩色抹灰。

30. 饰面工程外观质量要求有哪些？

答：（1）饰面安装所用材料的品种、规格、颜色、图案以及镶贴方法应符合设计要求。

（2）饰面表面整治，颜色一致，不得有翘曲、起碱、污点、破损、裂纹、缺棱掉角、砂浆流痕和显著的色泽受损现象。

（3）突出的管线、支承物等部位镶贴的饰面板、应套割吻合，饰面板和饰面砖不得有歪斜翘曲、空鼓等缺陷；镶贴墙裙，门窗贴脸的饰面板、饰面砖，其突出墙面的厚度应一致。

（4）有地漏的房间，不得有泛水。

31. 简述花岗石饰面施工干挂工艺中的直接挂板法。

答：干挂工艺又有两种方法：直接挂板法和花岗石预制板干挂法。直接挂板法安装花岗石板块，是用不锈钢型材或连接件将板块支托并锚固在墙面上，连接件用膨胀螺栓固定在墙面上，上下两层之间的间距等于板块的高度。安装的关键是板块上的凹槽和连接件位置的准确。花岗石板块上的四个凹槽位，应在板厚中心线上。

较厚的板块材拐角，可做成“L”形错缝，或45°斜口对接等形式；平接可用对接、搭接等形式。

32. 装饰抹灰施工基层处理前的检查有哪些内容？

答：装饰抹灰工程施工，必须在结构或基层质量检验合格并进行工序交接后进行。对其他配合比的各种项目也必须进行检查。这是确保抹灰工程质量和工程进度的关键。抹灰前应对下列项目进行检查：

（1）主体结构和水电、暖卫、煤气设备的预埋件，以及消防梯、雨水管管箍、泄水管、阳台栏杆、电线绝缘的托架等安装是否齐全和牢固，各种预埋铁件、木砖位置标高是否正确。

（2）门窗框及其他木制品是否安装齐全并校正后固定，是否预留抹灰层厚度，门窗口高低是否符合室内水平线标高。

（3）板条、苇箔或钢丝网吊顶是否牢固，标高是否正确。

（4）水、电管线与配电箱是否安装完毕，有无漏项；水暖管道是否做过压力试验；地漏位置标高是否正确。

33. 斩假石抹灰施工要求有哪些？

答:（1）抹完面层后须采取防晒措施，浇水养护2～3d；在冬期施工时，要考虑防冻。抹面后不得有脱壳、裂缝、高低不平等弊病。

（2）应弹线剁斩，相距10cm，按线操作，以免剁纹跑斜。

（3）在水泥石碴浆到一定强度时，可进行试剁，以石子不脱落为准。

（4）斩剁时必须保持墙面湿润，如墙面过于干燥，应予蘸水，但剁完部分得蘸水，以免影响外观。

（5）斩剁小面积时，应用单刀剁齐；斩剁大面积时，应用多刀剁齐。斧刃厚度应根据剁纹宽窄要求确定。

（6）为了美观，剁棱角及分格缝周边留15～20mm不剁。

（7）斩剁的顺序应由上到下，由左到右进行。先剁转角和四周边缘，后剁中间墙面。转角和四周剁水平纹，中间剁垂直纹。若墙面有分格条时，每剁一行应随时将上面和竖向分格条取出，并及时用水泥浆将分块内的缝隙、小孔修补平整。

（8）斩剁时，先轻剁一遍，再盖着前一遍的斧纹剁深痕，用力必须均匀，移动速度一致，不得有漏剁。

（9）墙角、柱子边棱，宜横剁出边缘横斩纹或留出窄小边条（从边口进30～40mm）不剁。剁边缘时应用锐利小斧轻剁，防止掉角掉边。

（10）用细斧剁斩一般墙面时，各格块体的中间部分均剁成垂直纹，纹路应相应平行，上下各行之间均匀一致。

（11）用细斧剁斩墙面雕花饰时，剁纹应随花纹走势而变化，不允许留下横平竖直的斧纹、花饰周围的平面上应剁成垂直纹。

34. 简述假面砖墙面抹灰的分层做法。

答：假面砖饰面是在墙体表面的基层上先抹一层1∶3水泥砂浆打底，其厚度为10～12mm。如果是混凝土基层，应先刮一道素水泥浆，厚度为2mm。抹底层之前，对基层的处理同水刷石、干粘石，操作前检查墙面的平整、垂直程度、贴饼、挂线、确定抹灰厚度。待底子灰抹完，用木抹子搓平，然后抹彩色饰面砂浆3～4mm厚，再仿瓷面砖划纹而成。彩色砂浆根据设计要求配出各种颜色。

35. 聚合物水泥砂浆滚涂墙面施工操作注意事项有哪些？

答：（1）面层厚为2～3mm，因此要求底面顺直平正，以保证面层取得应有的效果。

（2）滚涂时若发现砂浆过干，不得在滚面上洒水，应在灰桶内加水，将灰浆拌合，并考虑灰浆稠度一致。使用时发现砂浆沉淀要拌匀再用，否则会产生“花脸”现象。

（3）每日应按分格分段做，不能留活槎，不得事后修补，否则会产生花纹和颜色不一致现象。配料必须专人掌握，严格按配合比配料，控制用水量，使用时砂浆应拌匀。尤其是带色砂浆，应对配合比、基层湿度、砂子粒径、含水率、砂浆稠度、滚拉次数等方面严格掌握。

36. 聚合物水泥砂浆弹涂饰面操作注意事项有哪些？

答：（1）水泥中不能加颜料太多，因颜料是很细的颗粒，过多会缺乏足够厚的水泥浆薄膜包裹颜料颗粒，影响水泥色浆的强度，易出现起粉、掉色等缺陷。

（2）基层太干燥，色浆弹上后，水分被基层吸收，基层在吸水时，色浆与基层之间的水缓缓移动，色浆和基层粘结不牢；色浆中的水被基层吸收快，水泥水化时缺乏足够的水，会影响强度的发展。

（3）弹涂时的色点未干，就用聚乙烯醇缩丁醛或甲基硅树脂罩面，会将湿气封闭在内，诱发水泥水化时析出白色的氢氧化钙，即为析白。析白是不规则的，所以，弹涂的局部会变色发白。

37. 瓷砖镶贴施工时如何弹线？

答：弹线先量出镶瓷砖的面积，算出纵横皮数，划出皮数杆。根据皮数杆的皮数，在墙面上从上到下弹出若干条水平线，控制水平皮数。按整块瓷砖尺寸分割竖直方向的长度，并按尺寸弹出竖直方向的控制线。此时应注意水平方向和垂直方向的砖缝一致。

38. 陶瓷锦砖分格缝不均，墙面不平整的主要原因是什么？

答：（1）施工前没有认真按照图纸尺寸核实结构实际情况，施工时对基层处理不认真，贴灰饼控制点少，造成墙面不平整。

（2）弹线排列不仔细，施工时选砖不细，每张陶瓷锦砖规格尺寸不一致，操作不当等造成分格缝不均。

39. 陶瓷锦砖如何进行挑选？

答：陶瓷锦砖挑选：对进场后的陶瓷锦砖拆箱鉴别，将每张颜色、尺寸和质量相近的成品分开码放，以便选择使用。品种、规格、形状等不符合设计要求的成品不能使用。

40. 陶瓷锦砖施工准备如何进行弹线？

答：（1）粘贴陶瓷锦砖前，应根据陶瓷锦砖的规格及墙面高度弹水平线及垂直线。

（2）水平线按每张陶瓷锦砖尺寸弹一道，垂直线按 1 ~ 2 张陶瓷锦砖的尺寸弹一道。

（3）水平线要和楼层水平线保持一致，垂直线要与角垛的中心线保持平行。

（4）高层处墙四大角和门窗口边用经纬仪打垂直线找直，

如多层建筑物可以从顶层开始用大线坠绷铁丝找垂直。

（5）如有分格缝，则应按墙高均分，根据设计要求与陶瓷锦砖的规格定出缝宽，再加工出分格条。

41. 如何镶贴陶瓷锦砖？

答：陶瓷锦砖镶贴时，先根据弹好的水平线垫好靠尺，然后在湿润的中层灰面上抹一道水泥素浆（也可掺水泥重5%~10%的108胶）作粘结层，厚约1~2mm同时将陶瓷锦砖放在木板上，底面朝上，用湿布将底层面擦净，再用白水泥浆（如嵌缝要求有颜色时，则应用带色水泥浆）刮满陶瓷锦砖的缝隙（砖面不留浆）后，即可将陶瓷锦砖沿线粘贴在墙上。

42. 简述缸砖、水泥砖地面镶铺方法中拼缝铺砌是怎样的？

答：缸砖、水泥砖地面镶铺方法中拼缝铺砌法如下：

（1）这种铺法不需要挂线找中，从门口往室内铺砌，出现非整块面砖时，需进行切割。铺砌后用素水泥浆擦缝，并将面层砂浆清洗干净。

（2）在常温条件下，铺砌24h后浇水养护3~4d，养护期间不能上人。

43. 室内面砖镶贴，拼缝不直或不均匀的主要原因是什么？

答：（1）在施工期前没有认真按照施工图纸要求，核对结构施工的实际情况。

（2）分格弹线和排砖不仔细。

（3）面砖规格尺寸偏差较大，挑砖不仔细或操作方法不当，都会产生拼缝不直或不匀。

44. 简述抹灰线的操作流程是怎样的？

答：灰线通常分四道灰抹成。头道是粘结层，用1:1:1混合砂浆，薄薄一层。二道是垫层灰，用1:1:4混合砂浆并略掺麻刀，厚度根据灰线尺寸确定。三道是出线灰，用1:2石灰砂浆（砂子过3mm筛）也可稍掺水泥，薄薄抹一层。四道是罩面灰，厚度为2mm，分两次抹，第一次用普通纸筋灰，第二次用过窗纱筛子的细纸筋灰。

45. 水磨石的主要特点是什么?

答：平整、光滑、质地坚硬，经久耐磨。使用寿命长、色泽丰富、朴素大方、装饰效果好。但工序多，周期长，使用中出现裂缝。

46. 现浇水磨石施工如何铺找平层?

答：现浇水磨石施工，铺找平层时，应按墙面四周已弹好的水准线（50cm）找好距离，弹出水磨石的标高线。注意，有地漏的地面必须按照排水方向找好0.5% ~1%的坡度泛水。然后按标高线做灰饼，灰饼大小一般为6 ~ 8cm^2。再按灰饼高度20mm左右，做好纵横向冲筋，其间距为1 ~1.5m左右。然后铺1:3水泥砂架刮平。找平层宜用长刮尺通长刮平，待砂浆稍收水后，用木抹子在表面打平搓毛。做好找平层以后的次日浇水养护，并用直尺和楔形塞尺检查，表面平整度偏差在2mm以内合格。

47. 现浇水磨石施工如何抹水泥石粒浆面层?

答：现浇水磨石施工抹水泥石粒浆面层。待嵌分格条的素水泥浆硬化后，应将分格条内的积水和浮砂清理干净，在找平层表面刷一遍与面层颜色相同的水灰比为0.4 ~0.5的水泥浆做结合层，随刷随铺水泥石子浆（石粒浆配合比是1:1 ~1.5 = 水泥:石粒），水泥石粒浆的厚度要高出分格条1 ~ 2mm，要铺平整，用滚筒滚压密实,待表面出浆后,再用抹子抹平,在滚压过程中如发现表面石子少,可在上面均匀地撒一层干石子，拍平，使表面石子紧密,然后再用滚筒来回滚压，至表面露浆为止。滚压后用铁抹子拍一遍，次日开始养护，常温下养护3 ~7d。

48. 现浇水磨石面层空鼓的原因和防治措施是什么?

答：空鼓的主要原因如下：

（1）基层处理不净，没有刷水泥素浆结合层使地面与基层面结合不牢固。

（2）分格条粘贴方法不对，十字交叉处没有空隙，八字角素水泥浆抹得太高，使水泥渣灰挤不到分格条处。

（3）面层抹好后养护不好或没有养护，人员与手推车过早在上行走（尤其在门口处）。

（4）边角、墙根边滚压不到或是没有认真压实压平。

（5）开磨时间过早。

预防措施：施工时严格按照操作工艺要点和要求去做，要重视对基层的处理，在分格条十字交叉处必须留出空隙，不抹水泥浆，并且八字角的素水泥浆不能超过分格条的1/2，同时要认真养护和滚压，尤其是边角处要压实。

49. 为什么水磨石地面会发生倒泛水的质量问题？怎样防止？

答：（1）没有找好冲筋坡度。

（2）没有按设计要求做坡度。

防止措施：（1）在底层抹灰冲筋时要拉线检查泛水坡度。

（2）必须按设计和施工规范做。

50. 抹重晶石砂浆常见的主要问题及主要的原因是什么？

答：常见的质量问题是：抹灰层发生空鼓、开裂或下坠，这些问题的主要原因如下：

（1）由于重晶石砂浆的密度大，在未凝结之前，粘结力小于砂浆重量，不能使砂浆与墙面粘结，导致砂浆下坠。

（2）由于砂浆配比不当或未能很好养护，使砂浆开裂。

51. 抹重晶石砂浆有哪些要求？

答：（1）重晶石砂浆一般用于医院的 x 射线室和带放射性质的房间。材料的钡砂（重晶石）粒径为 0.6～1.2mm，用 0.3mm 网过筛；砂为中砂，含泥量少于2%；普通硅酸盐水泥，强度等级42.5。

（2）砂浆配制应经过试验来确定，严格按设计要求做。方法是按比例把重晶石粉与水泥拌合后，加入重晶石砂，再加水搅拌均匀，最后用40～50℃的水。其配合比水泥∶重晶石粉∶重晶石砂∶水为1∶0.25∶3.5∶0.48。

（3）操作方法：先将墙面清理干净，用1∶3 水泥砂浆填抹凹凸不平处，浇水湿润，按设计要求分层抹灰，每层要分两次，一遍竖抹，一遍横抹，每层厚度 4mm 左右，应连续操作，不准留施工缝。抹完 30min 压一遍，并表面扫毛。24h 后方可抹第二层。最后收水后用铁板压光。阴阳角要抹成圆角弧度。面层完成，隔夜可以用喷雾器喷水养护，养护时最好关好门窗，保证在 15℃以上温度下养护 14h。

52. 抹耐酸砂浆常见的质量问题有哪些？怎样防治？

答：（1）常见的质量问题是空鼓、开裂和不耐酸。主要是基层湿度太大，涂抹方向不正确，养护期间表面水、酸洗方法不当。

（2）防治的方法：抹灰前，处理好基层，控制好湿度，严格按操作工艺进行操作、养护、保持干燥。

53. 抹耐热砂浆有哪些要求？

答：（1）耐热砂浆材料采用矾土水泥，强度等级不低于 32.5，不准含有石灰石成分，以免影响砂浆强度稳定性。

（2）原料为细骨料用耐火砖屑，相当于黄砂、中砂粗细与级配，要干净、干燥。

（3）耐火砂浆配合比由实验来确定，砂浆配制以计量为准，要准确，一般水泥: 耐火水泥: 细骨料为 1: 0.66: 3.3。搅拌时光将细骨料浇水湿润，保证砂浆和易性，搅拌时来回多拌几次，应大于水泥砂浆搅拌时间。

（4）基层处理抹灰方法与一般水泥砂浆抹灰相同，它的养护要求同防水砂浆的标准。

54. 防止石子不均脱落及饰面浑浊可采用什么措施？

答：（1）石子使用前过筛冲洗干净，堆放用拈布垫好并遮盖好，防止二次污染。

（2）分格条使用前在水中浸透，保证起条时条缝整齐和不掉石子。

（3）罩面时，应掌握好底子层干湿度，面层应掌握好水刷石的喷洗时间。

（4）喷洗墙面，应先把已完成的水刷石墙面喷施，上风头墙面应先做，由上往下喷洗，以防浆水溅污已完成的墙面。

55. 简述接阳角的操作方法？

答：接阳角的关键是要确定出灰线的位置，首先要找出垛、柱和阳角距离来确定灰线位置，统称“过线”。“过线”的方法是用方尺靠在已成形灰线的墙面上，用小线坠从顶棚灰线的外口（要与线平齐）吊下，在方尺上做出标记，就得出垛柱靠顶棚上面灰线所需差的尺寸。再用方尺按所量出的尺寸在顶棚划线，一头至成形灰线，一头至垛、柱最外处。这样就得出所需要的灰线上口线。过下口线只需将方尺套在垛、柱上，与成形灰线最下面划齐即可。在操作时要严格按线施工，不得越线。然后先将两边靠阴角处与垛、柱接合整齐，再接柱、垛阳角。抹时要与成形灰线相同，大小一致，抹后应仔细检查阴阳角方正，并要成一直线。

56. 灰线接阴角操作工艺要点有哪些？

答：（1）房间四周灰线抹完后，拆除靠尺切齐用力搓，再进行灰线之间的接头。

（2）先用抹子抹阴角处各层灰，当抹上出线灰和罩面灰后分别用接角尺接灰线。

（3）接阴角时，一边轻挽成活灰线规矩，一边接阴角部位灰使之成形，接完后再接另一边。

（4）接阴角时，两手端平接角尺，用力均匀，待灰线基本成型后，用小薄钢板或接触器，修整光洁，不能有明显接槎。

57. 简述花饰石膏线脚操作？

答：预制花饰石膏线脚，需在已做好的阴膜内浇一层明胶膜（明胶∶水∶工业甘油＝1∶1∶0.125），胶膜宜薄不宜厚，结膜后再在明胶膜花饰表面撒一层滑石粉或刷一层无色纯净的隔离剂，涂刷要均匀，不得漏刷和过厚。然后将石膏粉调成石膏浆，石膏浆的配合比一般为石膏∶水＝1∶（0.6～0.8）（重量比），但可视石膏粉的性能作适当调整。石膏浆应用竹丝帚不停地搅拌，使其无块粒并稠度均匀。石膏浆拌制好以后，随即注入模具内约2/3用量，而后将模具轻轻振动，使石膏浆在花饰处充注密实，再掺加进麻丝类纤维，使其在运输和镶贴时不易断裂（石膏预制品不宜掺加易锈金属丝，否则会出现氧化锈斑）。掺入麻丝后，再继续浇注石膏浆至模口，并用直尺刮平，待其稍结硬后，将其背面划毛。翻模时间一般控制在5～10min，习惯的方法是用手摸时有热感即可翻模。做好的石膏预制品要编号并注明使用部位，放置要平稳，通风干燥，不可堆叠码放。

58. 石膏为什么可做石膏花饰？

答：石膏凝结后不收缩，表面不会出现裂缝，可用排笔或毛笔轻刷，取得光洁的表面，有不合适地方易修正。

59. 花饰安装不牢固的主要原因有哪些？

答：花饰安装不牢固的主要原因有以下方面：

（1）花饰与预埋件在结构中的锚固件未连接牢固。

（2）基层预埋件或预留孔洞位置不正确、不牢固。

（3）基层清理不好，在抹灰面上安装花饰时抹灰层未硬化，花饰与基层锚固件连接不良。

60. 防止花饰安装不牢固的措施有哪些？

答：防止花饰安装不牢固的主要措施有：

（1）花饰应与预埋件在结构中的锚固件连接牢固。

（2）基层预埋件或预留孔洞位置应正确。

（3）基层应清洁平整，符合要求。

（4）在抹灰面上安装花饰，必须待抹灰层硬化后进行。

（5）拼砌的花格试件四周应用锚固件与墙、柱或梁连接牢固，花格试件相互之间应用钢筋销子系固。

61. 花饰安装位置不正确的主要原因有哪些？可以采取哪些措施进行防治？

答：（1）花饰安装位置不正确的主要原因有：1）基层预埋件或预留孔洞位置不正确；2）安装前未按设计在基层上弹出花饰位置的中心线；3）复杂分块花饰未预先试拼、编号，安装时花饰图案吻合不精确。

(2) 可以采取的防治措施有：1) 基层预埋件或预留孔洞位置应正确，安装前应认真按设计在基层上弹出花饰位置的中心线；2) 复杂分块花饰的安装，必须预先试拼，分块编号，安装时花饰图案精确吻合。

62. 石膏件安装应具备哪些条件?

答：(1) 吊顶与墙体饰面已完成，各种湿作业工序已竣工，屋内清理已完成，水平基准线已找好。

(2) 对现场的装饰线角数量和质量逐一检查，将有严重损伤的线角拣出，对损伤较轻的进行修补。修补方法为：扫去损伤处的浮尘，用清水湿润。将石膏粉与水调成膏状。用钢片批灰刀（扁状）把石膏浆抹嵌在损伤处。固结后，用0号砂布打磨平齐。如一次不行，等20min后再抹一次，然后打磨，直至达到质量要求。

63. 石膏件安装后应怎样处理?

答：石膏装饰件经安装固定后，表面会留下钉眼、碰伤和对接缝等缺陷。对这些缺陷应分别进行处理。一般钉枪的钉眼较小，可不做处理，但对钉眼较集中的局部和普通铁钉的钉眼就必须进行修补处理。

修补处理是用石膏调成较稠的浆液，涂抹在缺陷处，待干后再用0号细砂布打磨平。如浮雕花纹处有明显的损伤，就需用小钢锯片细致地修补，待干后再用0号砂布打磨。

待修补工作完成后，便可进行饰面工作。石膏装饰件的饰面通常采用乳胶漆，刷乳胶漆时，可将乳胶漆加一半的水稀释，再用毛刷涂刷2~3遍成活。

64. 冬期抹灰施工环境温度是怎样规定的?

答：(1) 当预计连续10d内的平均气温低于5℃时，或当日最低气温低于-3℃时，抹灰工程应按冬期施工的规定进行。

(2) 室内外装饰工程施工的环境温度（指施工现场最低温度）应符合下列要求：高级抹灰工程，饰面工程不低于普通级抹灰工程不低于0℃。

65. 怎样控制釉面砖面的平整度和垂直度？

答：首先做好底子灰，底子灰质量要达到标准然后控制砖面；按规矩做好标志块，镶贴过程随时校正平整度、垂直度，发现问题及时修整。

66. 釉面砖镶贴如何弹线分格排砖？

答：釉面砖镶贴弹线、分格排砖。镶贴前在中层水泥砂浆（1:3）面层上弹线找方，按贴砖面积计算好纵横贴瓷砖皮数，弹出釉面砖的水平和垂直控制线。在台尺寸、定皮数时，应计划好同一墙面上横竖方向不得出现一排以上的非整砖，非整砖应排在次要部位或墙阴角处。

67. 釉面砖镶贴如何做标志块？

答：釉面砖镶贴做标志块，瓷砖墙裙应比已抹完灰的墙面突出5mm，按此用废瓷砖抹上混合砂浆做标志块（厚约8mm，间距1.5m左右，用托线板、靠尺等挂直、校正平整度。在门口或阴角处的灰饼除正面外，靠阳角的侧面也要直，称为两面挂直。

68. 釉面砖的用途是什么？

答：釉面砖是用优质瓷土或优质陶土煅烧而成，俗称瓷砖或内墙面砖，不能用于室外。因为釉面砖是多孔的坯体，在长期与空气接触过程中，尤其在潮湿的环境中使用，会使坯体吸收大量水分而产生吸湿膨胀，当超过表层釉面抗张拉强度时，釉面会发生开裂，而在室外经过长期冻融，更会出现釉面掉皮现象，所以只能用于室内。

69. 色石碴适用于哪些装饰抹灰？

答：在抹灰工程中，除了常用砂子作为骨料外，还经常用色石碴作骨料进行装饰抹灰。色石碴是由天然大理石及其他石料破碎经几道分筛而得到的不同粒径的石子，它具有各种不同色泽（包括白色），经常用于制作水磨石、水刷石、斩假石，或按一定比例（如白色多黑色少的水刷石）做墙面饰面抹灰骨料。

70. 装饰工程常用颜料的种类、性能有哪些要求？

答：颜料按来源可分为天然颜料和合成颜料两种（无机颜料和矿物颜料）。颜料的种类有红色，朱砂，钼红，蓝色，钴蓝，群青，白色，氧化铁棕，钛白，铅白，炭黑，绿色，珞氧色等。

彩色砂浆以水泥砂浆、混合砂浆、色石碴浆中加入颜料配制而成。各色系颜料有单一颜色颜料，也有两种或数种颜料配制所得，实际施工中一般都由施工技术人员配制做出实物小样，确认并记录好数据，再大面积施工。

71. 小块大理石粘贴方法是什么？

答：小块大理石粘贴方法：先用1∶3水泥砂浆打底、找规矩，厚约12mm，用刮尺刮平，划后将大理石板背面用水湿润，再均匀地抹上厚2～3mm的素水泥浆，随即将板贴于墙面，用木槌轻敲，使其与基层较好地粘结，再用靠尺、水平尺找平，使砖缝平齐并边口和挤出拼缝的水泥擦净，最后用水泥浆擦缝。

72. 一般抹灰种类有哪些？

答：一般抹灰种类有石灰砂浆、水泥混合砂浆、水泥砂浆、聚合物水泥砂浆、膨胀珍珠岩水泥砂浆和麻刀灰、石膏灰等，抹灰等级应符合标准设计要求。

73. 一般抹灰工程基本项目护角门窗框与墙体间缝隙的填塞质量应符哪些规定？

答：护角门窗框与墙体间缝隙的填塞质量应符合以下规定：

（1）合格：护角材料、高度符合施工规范规定，门窗框与墙体间隙填塞基体密实；

（2）优良：护角符合施工规范规定，表面光滑平整，门窗框与墙体间缝隙填塞密实、表面平整。

（3）检查方法：观察，用小锤轻击或尺量检查

74. 对墙体内抹灰有哪些要求？

答：抹灰施工时，应先清理基层、湿润，以保证底层砂浆与基层粘结。然后找规矩做灰饼、冲筋，这是保证墙面平整度的措施。由于抹灰砂浆强度低，阳角处容易破坏，因此抹灰前，应在阴角、转角等处做水泥护角然后抹底、面层砂浆。

75. 喷、滚、弹涂的质量标准基本项目要求是什么？

答：（1）喷、滚、弹涂表面颜色一致，花纹、色点大小均匀，不显接槎，无漏涂、透底和流坠。

（2）分格条（缝）的宽度、深度均匀一致，条（缝）平整、光滑、棱角整齐，横平竖直通顺。

76. 喷涂、滚涂、弹涂底灰抹得不平或抹纹明显的原因和防治措施是什么？

答：（1）主要原因：喷涂、滚涂、弹涂涂层较薄，底灰上的弊病要通过面层来掩盖是掩盖不住的。

（2）防治措施：要求底层灰抹好后，应按水泥砂浆抹面的标准来检查，否则会影响面层的质感。

77. 喷涂、滚涂、弹涂颜色不均匀的原因和防治措施是什么？

答：（1）主要原因：配合比掌握不准，加料不匀，喷、滚、弹涂的手法不一，涂层厚度不一；采用单排外脚手架施工随拆架子，随脚手架堵眼随抹灰，随喷、滚、弹涂，因底层二次修补与原抹灰层含水率不一，面层二次修补层的接槎明显。

（2）防治措施：要设专人掌握配合比，合理配料，计量要准确；喷、滚、弹涂操作时，要指定专人操作，操作手法要基本一致，面层的厚度掌握一致，并在喷、滚、弹涂施工时禁止用单排脚手架，如用双排脚手架时也要防止标杆压在墙体上。

78. 材料验收主要工作内容有哪些？

答：（1）核对入场（库）材料凭证，材料领（拨）单，质量检验合格证，化学成分分析等。

（2）分数量、品种、规格检验；对按质量供应材料应过秤，按数量供应的材料应计点件数。

（3）对凭证不齐材料，应作待验材料处理，待凭证到齐后验收使用。

（4）规格、质量不符合要求的材料不准使用。

79. 美术水磨石的颜料有哪些要求？怎样拌制？

答：美术水磨石的颜料要选用有色光、着色力、遮盖力以及耐光性、耐气候性、耐水性和耐酸碱性强的，应优先选用矿物颜料。在使用时，每个单项工程应按样板选用同批号颜料，以保证色光和着色力一致。拌制颜料均以水泥重量的百分比计算，根据设计要求和工程量，计算出水泥重量后，将水泥和所需要的颜料一次调配过筛，成为色灰再装袋备用，一般干拌两三遍再加水湿拌均匀。

80. 做美术水磨石有几种颜色时，有哪些操作要求？

答：有几种颜色在同一平面时，应先做深色，后做浅色，先做大面，后做镶边。两种颜色的色浆不能同时铺设，必须待前一种色浆凝固后，再抹另一种色浆。在第一种色浆抹好压实后，时间不宜过长，次日就可以铺设第二种色浆，以免两种石子浆的软硬程度不同。要注意铺设第二种色浆时，在拍实滚压过程中，不能触动第一种石子浆。美术水磨石其他操作方法要求与前面普通水磨石相同。

81. 干粘石棱角不通顺，表面不平整的原因是什么？

答：干粘石棱角不通顺，表面不平整的原因是：在抹灰前对楼房大角或通直线条缺乏整体考虑，特别是墙面全部做干粘石时，没有从上到下统一吊线垂直、找平、找直、找方、做灰饼冲筋。而是在施工时，一步架一步找，这样就会造成楼角不直不顺，互不交圈，其次分格条两侧的水分吸收快，石粒粘上去，会造成无石碴毛边，起分格条时也会将两侧石粒碰掉或棱角不齐。

82. 干粘石施工如何起分格条？

答：干粘石施起分格条时，用抹子柄敲击木条，用小鸭嘴抹子扎入木条，上下活动，轻轻起出，找平，用刷子刷光理直缝角，用灰浆将格缝修补平直，颜色要一致，起分格条后应用抹子将面层粘石轻轻按下，防止起条时将面层灰与底灰拉开，造成部分空鼓现象，起条后再勾缝。

83. 砖墙干粘石分层做法配合比有哪些？

答：砖墙干粘石分层做法配合比为：

（1）1∶3 水泥砂浆抹底层，厚度 5 ~ 7mm；

（2）1∶3 水泥砂浆抹中层，厚度 5 ~ 7mm；

（3）刷水灰比为 0.40 ~ 0.50 水泥浆一遍；

（4）抹水泥∶石膏∶砂子∶108 胶 = 100∶50∶200，5 ~ 15 聚合物水泥砂浆粘结层，厚度 4 ~ 5mm；

（5）4 ~ 6mm 彩色石粒。

84. 楼梯踏步抹灰如何进行弹线分步？

答：楼梯踏步抹灰弹线分步。楼梯踏步在结构施工阶段的尺寸必然有些误差，为保证楼梯踏步的尺寸正确，必须在抹灰前放线纠正。方法是根据平台标高利楼梯标高，在楼梯侧面墙上和栏板上先弹一道踏级分步标准斜线抹面操作时，要使踏步的阳角落在标准斜线上，也要注意每个踏级的级高（踢脚板）和宽度（踏步板）的尺寸一致。对于不靠墙的独立楼梯，无法弹线时，应左右上下拉小线操作，以保证踏步板、踢脚板的尺寸一致。

85. 细石混凝土地面抹灰应注意哪些事项？

答：细石混凝土地面抹灰应注意以下事项：

（1）小推车运料时，不得碰撞门框及墙面以及地面上铺设的包线管、暖卫立管。

（2）地漏、出水口等部位安放的临时堵头要保护好，以防灌入杂物，造成堵塞。

（3）不准在已做好的地面上拌合砂浆，更不准将剩余的混凝土或砂浆倒在其他房间内。

（4）地面在养护期间不准上人，其他工种也不准进入操作。

86. 细石混凝土地面起砂的原因和防治措施是什么？

答：（1）主要原因是水泥强度等级太低或使用过期水泥或配合比中砂用料过多，抹压变数不够，并养护不好、不及时。

（2）防治措施是，在施工时要用合格材料，严格按照设计要求和操作工艺进行操作，并加以保护。

87. 顶棚抹灰的质量验收标准，保证项目的内容是什么？

答：顶棚抹灰的质量验收标准，保证项目的内容如下：

（1）顶棚抹灰所用材料的品种、质量必须符合设计要求和现行材料的标准规定。

（2）各抹灰层之间及抹灰层与基层之间必须粘结牢固，无脱层、空鼓、面层无爆灰和裂缝等缺陷，顶板与墙面相交的阴角应成直线。

88. 顶棚抹灰表面出现灰块胀裂的原因是什么？

答：顶棚抹灰表面出现灰块胀裂的主要原因是：淋灰时，石灰膏熟化时间过短，慢性灰或过火灰颗粒及杂质没有过滤彻底，使石灰膏在抹灰后遇水或潮湿空气继续熟化。体积膨胀，而造成抹灰表面炸裂，出现开花现象。

89. 一般抹灰的施工操作工序有哪些？

答：一般抹灰的施工操作工序是：以墙面为例，先进行基层处理、挂线、做标志块、标筋及门窗洞口做护角等，然后进行装挡、刮杠、搓平，最后做面层。

90. 一般内、外墙抹灰如何进行冲筋？

答：一般内外墙抹灰进行冲筋。灰饼砂浆收水后，在上、下两个灰饼之间抹出一条宽度为8cm左右的梯形灰带，厚度与灰饼相同，作为墙面抹底子灰的厚度标准。

其做法是：在上、下两灰饼中间先抹一层灰带，收水后再抹第二遍做成梯形断面，并要比灰饼高出1cm左右，然后用刮尺紧贴灰饼左上右下地搓刮，直到把灰带与灰饼搓平为止，同时把灰带两边修成斜面，以便与抹灰层结合牢固。

91. 室内墙面如何抹纸筋石灰或麻刀石灰砂浆面层？

答：纸筋石灰或麻刀石灰砂浆面层抹灰。一般应在中层砂浆七成干时进行（手按不散，但在指印），如底子灰过于干燥，应先洒水湿润，操作时，一般使用钢皮抹子，两遍成活，厚度不大于2cm。通常由阴角或阳角开始，自左向右进行，两人配合，一人先竖向薄薄抹一层，使纸筋灰与中层灰紧密结合。另一人横向抹第二层，并要压充溜平，压平后可用排笔蘸水横刷一遍，使表面色泽一致，再用钢皮抹子压实、抹光。

92. 砖墙、混凝土基层抹灰空鼓、裂缝的主要原因是什么?

答：砖墙、混凝土墙抹灰空鼓、开裂的原因如下：

（1）配制砂浆和原材料质量不好，使用不当。

（2）基层清理不干净或处理不，墙面浇水不透，抹灰后砂浆中的水分很快被基层（或底灰）吸收，粘结力不牢固。

（3）基层偏差较大，一次抹灰层过厚，干缩率较大。

（4）门窗框两边塞灰不严，墙体预埋木砖距离过大或木砖松动，经门窗开关振动后，在门窗框处产生空鼓、裂缝。

93. 按房屋建筑部位分哪两种抹灰?

答：按房屋建筑部位分以下两种抹灰：

（1）室内抹灰。一般包括顶棚、墙面、楼地面、踢脚板、墙裙、楼梯等。

（2）室外抹灰。一般包括屋檐、女儿墙、压顶、窗楣、窗台、腰线、阳台、雨篷、勒脚以及墙面。

94. 雨期如何施工方能保证抹灰工程质量?

答：（1）合理安排施工计划，应根据工程特点，考虑雨期室内施工的工程量，如晴天进行外部抹灰、饰面工程，雨天可进行室内抹灰、饰面工程。

（2）适当降低水灰比，提高砂浆的稠度，这样才不致因基体（层）水分太多，造成砂浆流淌。

（3）防雨遮盖，当抹灰面积较小时，可搭设临时施工棚或用油布、芦席临时遮盖进行操作。

（4）对脚手板、丁作线、运输线应采取适当的防滑措施，确保安全生产。

95. 班组在企业中的地位是什么？

答：班组在企业中的地位是很重要的。班组是企业的基本生产单位，企业生产任务的完成，企业达标升级规划的实现，最终都要落实到班组。从另一种意义来说，班组是企业的细胞。企业的生存和发展均赖于班组的建设和管理，班组的建设加强了，可以大大提高劳动者的素质。班组实行目标化管理，基础工作才扎实，企业才更有活力，更具竞争力。

96. 班组经济核算的主要指标有哪些？

答：(1) 劳动效率，确定人工费的耗用及效率；

(2) 物资消耗，确定工程用料、施工用料耗用值的高低；

(3) 工程进度的保证率，确定保总体进度的完成情况；

(4) 质量优良率，确定是否质量第一，创出信誉；

(5) 安全事故频率，确定安全生产的情况；

(6) 机械费，确定机械使用情况。

97. 班组的文明施工有哪些主要措施？

答：(1) 健全和制定生产岗位的文明生产责任制。

(2) 实行班组成员分工责任制。

(3) 实行班组文明生产评比考核制度。

(4) 搞好环境卫生和建立定期检查制度。

98. 班组经济核算有哪几项指标？

答：(1) 劳动效率：确定人工及效率。

(2) 物质消耗确定，工程用料、施工用料用值高低。

(3) 工程进度保证率。

(4) 质量优良率：确定是否质量第一，达到要求。

(5) 安全事故，安全生产情况。

(6) 机械费和机械使用情况。

99. 编制施工方案考虑哪些因素？

答：(1) 工程量的大小，建筑物结构形式，对抹灰工程有哪些要求。

(2) 对抹灰工程工期长短有哪些要求以及材料和劳动力供

需情况。

（3）现场施工条件和配合工种情况。

100. 班组QC小组是什么性质的小组？

答：班组QC小组，是以提高和改进工程质量及降低消耗为重点，以班组自我控制和自我提高为宗旨，以对质量影响因素的控制为主要特征，以班组为中心，以工人为主体的现场型的质量管理小组。

2.4 计算题

1. 某建筑物外墙面铺贴陶瓷锦砖，外墙总面积为3000m^2，门窗面积为1000m^2，定额为0.5562工日/m^2。因工期紧张，采用两班制连续施工，每班出勤人数共计46人。试求：（1）计划人工数；（2）完成该项工程总天数。

解：（1）计划人工数：$(3000-1000)\times0.5562=1112$工日

（2）总天数：$1112\div46\div2=12$d

答：计划人工数为1112工日；完成该项工程总天数为12d。

2. 某工程做防水砂浆抹灰，防水砂浆配合比为1∶2.5∶0.96（重量比），再掺水泥重量3%的防水剂，经计算此防水砂浆总用量为2550 kg。试计算：各材料用量。

解：（1）水泥用量

$$2550\times1/(1+2.5+0.96+0.03)=567.93\text{kg}$$

（2）砂用量

$$2550\times2.5/(1+2.5+0.96+0.03)=1419.82\text{kg}$$

（3）防水剂用量$=567.93\times3\%=17.04$kg

（4）水用量

$$2550\times0.96/(1+2.5+0.96+0.03)=545.21\text{kg}$$

答：该防水砂浆中水泥用量为567.93kg、砂用量为1419.82kg、防水剂用量为17.04kg、水用量为545.21kg。

3. 已知抹灰用水泥砂浆体积比为1∶4，砂的空隙率为32%

（砂 $1550kg/m^3$，水泥 $1200kg/m^3$），试求重量比。

解：（1）扣除砂子孔隙以后的体积：

$$(1+4)-4\times0.32=3.72m^3$$

（2）一个比例分数体积为：$1\div3.72=0.26m^3$

（3）砂子体积：$0.26\times4=1.04m^3$

（4）砂子用量：$1.04\times1550=1612kg$

水泥用量：$0.26\times1200=312kg$

（5）重量比：水泥∶砂子 $=312:1612=1:5.17$

答：重量比为1∶5.17。

4. 某工程内墙面抹灰，采用1∶1∶4 混合砂浆。实验室配合比，每立方米所用材料分别为42.5 号水泥 281kg，石灰膏 $0.23m^3$，中砂 1403kg，水 $0.60m^3$，如果搅拌机容量为 $0.2m^3$，砂的含水率为2%，求：拌合一次各种材料的用量各为多少？

解：（1）42.5 号水泥用量：$0.2\times281=56kg$

（2）石灰膏用量：$0.2\times0.23=0.05kg$

（3）中砂用量：$0.2\times1403\times(1+2\%)=286kg$

（4）水用量：$0.2\times0.6-0.2862\%=0.12m^3$

答：各种材料用量分别是水泥 56kg、石灰膏 0.05kg、中砂 286kg、水：$0.12m^3$。

5. 水泥砂浆抹雨篷3个，共计 $15m^2$，抹灰的时间定额为 0.436 工日/m^2，雨篷带有6个牛腿，脚手架可利用原来的外脚手架。定额规定：（1）雨篷带脚手者，每10个牛腿增加抹灰工 0.7 工日。（2）若不搭挂简单脚手架时，其时间定额，应乘以 0.87 系数，一班制施工，班长指定由3人来完成此项任务。试求：（1）计划人工数。（2）完成该项任务天数。

解：计划人工：$0.87\times5\times0.436+0.7\times0.6=6.09$ 工日

总天数：$6.09\div3=2d$

答：计划人工数为6.09 工日；完成该项任务天数为2d。

6. 某工程内墙抹灰，质量检测情况如下：（1）保证项目符合标准评定。（2）基本项目：1）抹灰表面按中级标准规定：3

点优良，17 点合格；2）门窗框缝隙填塞：17 点优良，3 点合格；3）分格线：15 点优良，4 点合格；4）滴水槽：12 点优良，2 点合格；5）护角线：10 点优良，20 点合格。（3）允许偏差项目：93% 测点符合标准规定，其余点也基本达到标准的规定。求：根据质量验收标准评定该分项工程："优良"、"合格"？

解：保证项目达到标准：

基本项目：5 项大于 50%，优良三项。

大于 50% 评为优良：1）合格；2）优良；3）优良；4）优良；5）合格。该项评定为优良。

允许偏差项目：大于 90%（符合标准）。

答：该分项工程内抹灰应评为优良。

7. 某工程外墙采用 1:1:6 混合砂浆抹灰，砂浆用量为 $30m^3$，实验室配合比每立方米砂浆所用材料分别为 42.5 号水泥 202kg，石灰膏 $0.17m^3$，中砂 1515kg，施工现场黄砂的含水率为 2%，水 $0.60m^3$. 试计算：完成该抹灰项目各组成材料的用量？

解：42.5 水泥用量：$30 \times 202 = 6060kg$

石灰膏用量：$30 \times 0.17 = 5.1m^3$

中砂用量：$30 \times 1515 \times (1 + 2\%) = 46359kg$

水用量：$30 \times 0.6 - 46359 \times 2\% = 17.07m^3$

答：完成该抹灰项目各组成材料的用量分别为：42.5 水泥 6060kg、石灰膏 $5.1m^3$、中砂 46359kg、水 $17.07m^3$。

8. 用 500g 干砂做筛分试验，其累计筛余百分率为 $A_1 = 5.5\%$，$A_2 = 13.9\%$，$A_3 = 23.3\%$，$A_4 = 61.6\%$，$A_5 = 82.1\%$，$A_6 = 98.5\%$。试计算：细度模数是多少？并判断是粗砂还是细砂？

解：
$$M_X = (A_2 + A_3 + A_4 + A_5 + A_6 + 5A_1)/(100 - A_1)$$
$$= (13.9 + 23.3 + 61.6 + 82.1 + 98.5 - 5 \times 5.5)/(100 - 5.5) = 2.67$$

答：该干砂细度模数是 2.67，属于中砂。

9. 某建筑工地有一堆黄砂，堆放体积为 $10m^3$，现测得其堆积密度为 $1560kg/m^3$，含水率为 2%。试问：该堆黄砂实际有多少公斤干黄砂?

解：设该堆有干黄砂 x 公斤。

则：$2\% = 100\% \times (1560 \times 10 - x)/x$

解得：$x = 15294kg$

答：该堆黄砂实际有 15294kg 干黄砂。

10. 某教室做现浇水磨石地面，纵墙中线到中线距离为 8100mm，横墙中线到中线距离为 6000mm，墙体厚度均为 240mm，纵墙内侧各有 2 只附墙砖垛，尺寸为 120mm×240mm。试根据以上条件求水磨石地面面层的工程量。

解：面层工程量为：

$$(8.1 - 0.24) \times (6 - 0.24) - 0.12 \times 0.24 \times 4 = 45.15m^2$$

答：该水磨石地面面层的工程量为 $45.15m^2$。

2.5 实际操作题

1. 钢筋混凝土结构抹砂浆防水层。

考核项目及评分标准

序号	考核项目	分项内容	评分标准	标准分	检测点					得分
					1	2	3	4	5	
1	基层处理	蜂窝，松散混凝土，油污的处理	不符合要求酌情扣分或不得分	15						
2	每层防水砂浆	每层作法正确，无空裂	每层做法厚度不符合要求扣 1~3 分；接槎位置不对，有空裂不得分	15						

续表

序号	考核项目	分项内容	评分标准	标准分	检测点					得分
					1	2	3	4	5	
3	面层	表面光洁	平整度超过2mm每处扣1分；表面毛糙有抹印每处扣1分；超过5处不得分；不顺直每条扣2分	15						
4	阴阳角	圆滑捋光压实，顺直	阴、阳角没做成圆角不得分；阳角半径小于50mm、阴角半径小于10mm每处扣2分；不顺直每条扣2分；没抹光压实每处扣2分	15						
5	工具使用维护	做好操作前工、用具的准备，完工后做好工、用具的维护	施工前、后进行两次检查，酌情扣分或不扣分	10						
6	安全文明施工	安全生产落手清	工完场不清不得分；有事故不得分	15						
7	工效	定额时间	低于定额90%，本项无分；在90%~100%之间的酌情扣分，超过定额酌情加1~3分	15						
			合计	100						

2. 水泥外窗台抹灰。

考核项目及评分标准

序号	考核项目	分项内容	评分标准	标准分	检测点					得分
					1	2	3	4	5	
1	抹灰层粘结	粘结牢固、无空鼓裂缝	不符合每处扣1分；大面积空鼓本项目不得分	10						

续表

序号	考核项目	分项内容	评分标准	标准分	检测点					得分
					1	2	3	4	5	
2	抹灰层表面	平整、光洁	平整允许偏差 2mm，大于 2mm 每处扣 0.5 分；表面毛糙、接槎印、抹子印每处扣 0.5 分	15						
3	高度出墙	尺寸一致、正确	大于 2mm 每处扣 1 分	10						
4	滴水槽	平直、尺寸正确（深度、宽度 10mm）	不平直不大于 2mm 扣 3 分；深度、宽度误差 2mm 扣 2 分	10						
5	流水坡度	凹挡正确	倒泛水，不坐进窗挡，每处扣 1 分；凹挡不顺扣 2 分	15						
6	立面阳角	垂直	大于 1mm 每处扣 1 分	10						
7	工具使用维护	正确使用维护工具	做好操作前工、用具准备、维护好工、用具	5						
8	安全文明施工	安全生产落手清	有事故不得分；落手清未做无分	10						
9	工效	定额时间	低于定额 90%，本项无分；在 90% ~100% 之间的酌情扣分；超过定额酌情加 1 ~3 分	15						
合计				100						

3. 马赛克墙、地面。

考核项目及评分标准

序号	考核项目	分项内容	评分标准	标准分	检测点					得分
					1	2	3	4	5	
1	表面	平整、洁净	大于2mm每处扣4分；表面污染每处扣2分	15						
2	接缝	平直、宽窄一致	瞎缝每处扣1分；不密实每处扣1分；宽窄不一致每处扣1分	15						
3	马赛克	完整、无缺楞、掉角	缺楞、掉角每处扣1分	10						
4	粘结	牢固	脱落、起壳每处扣1分	10						
5	阴、阳角立面	垂直（墙面）	大于4mm每处扣2分	15						
6	标高、泛水	正确（地面）	泛水、标高不正确本项无分，较严重的倒泛水等本项目不合格	15						
7	工具使用维护	做好操作前工、用具准备、完成后工、用具维护	施工前后两次检查酌情扣分或不扣分	15						
8	安全文明施工	安全生产落手清	有事故不得分；落手清未做无分	5						
9	工效	定额时间	低于定额90%，本项无分；在90%～100%之间的酌情扣分；超过定额酌情加1～3分	10						
合计				100						

4. 水泥楼梯。

考核项目及评分标准

序号	考核项目	分项内容	评分标准	标准分	检测点					得分
					1	2	3	4	5	
1	踏步口	平直	大于2mm每处扣2分	10						
2	踏步	宽窄一致、高低一致	相邻踏步超过4mm每处扣4分	10						
3	表面	平整、光洁	大于3mm每处扣2分；表面毛糙、接槎印、铁板印每处扣1分	20						
4	立面	抛、勾脚（勾脚按设计要求）	大于2mm每处扣2分	10						
5	粘结	牢固	局部起壳每处扣2分；大面积起壳本项不合格	10						
6	线角	清晰、尺寸正确	不清晰、缺楞、掉角每处扣2分	10						
7	防滑条	尺寸正确	大于3mm本项无分，1~2mm酌情扣分	5						
8	工具使用维护	做好操作前工、用具准备、完成后工、用具的维护	施工前后两次检查的酌情扣分或不扣分	10						
9	安全文明施工	安全生产落手清	有事故不得分；落手清未做无分	5						
10	工效	定额时间	低于定额90%，本项无分；在90%~100%之间的酌情扣分；超过定额酌情加1~3分	10						
合计				100						

5. 大理石墙、柱面或地面。

考核项目及评分标准

序号	考核项目	分项内容	评分标准	标准分	检测点					得分
					1	2	3	4	5	
1	选料	正确	选料排列色泽不符合设计要求本项无分	10						
2	粘结	牢固、高低一致	起壳每块扣2分	10						
3	表面	平整、光洁	大于1mm每处扣2分；表面不洁净本项无分	10						
4	接缝	平直、宽窄一致	大于1mm每处扣2分；宽窄不一致，大于1mm每处扣1分	10						
5	相邻高低	符合要求	大于0.5mm每处扣4分	15						
6	阴、阳角立面	方正、垂直（墙、柱前）	大于2mm每处扣4分	15						
7	标高泛水	正确（地面）	泛水、标高不正确本项无分，较严重倒泛水，本项无分	15						
8	工具使用维护	做好操作前工、用具准备、完成后工、用具的维护	施工前后两次检查的酌情扣分或不扣分	5						
9	安全文明施工	安全生产落手清	有事故不得分，落手清未做无分	5						
10	工效	定额时间	低于定额90%，本项无分；在90%～100%之间的酌情扣分；超过定额酌情加1～3分	5						
合计				100						

第三部分　高级抹灰工

3.1　判断题

1. 剖面图的剖切位置，应是房屋内部构造比较简单的部位。(×)

2. 只要有结构施工图，就能进行结构施工。(×)

3. 石灰浆在熟化池中进行沉浮，其表面应有一层水，其目的是不让石灰浆碳化和结晶。(√)

4. 细骨料的粗细程度是根据细度模数决定的。(√)

5. 建筑石膏与水泥的性质相近，在水中和空气中均能提高强度。(×)

6. 内墙抹灰工程量计算时要扣除所有的孔洞面积。(×)

7. 抹灰工程质量关键是，粘结牢固，无开裂、空鼓和脱落。(√)

8. 墙面抹灰的底层厚度为5mm，底层主要起粘结作用。(×)

9. 墙面抹灰的面层厚度为5～10mm，面层主要起装饰作用。(×)

10. 一般来说，室内砖墙抹灰多采用1∶3石灰砂浆，或掺入一些纸筋、麻刀，以增强粘结力并防止开裂。(√)

11. 古建筑装饰施工前，必须把构思的人物造型以及衬托背景绘于图纸上，然后对照着进行施工。(√)

12. 单层工业厂房结构平面图，主要表示各种构件的布置情

形。(√)

13. 抹灰用的麻刀必须柔韧干燥，不含杂质，行缝长度一般30~50mm。(×)

14. 木结构与砖石结构、混凝土结构等相接处基面的抹灰，应先铺钉金属网，并绷紧牢固，金属网与各基面的搭接宽度不应小于100mm。(√)

15. 外墙窗台、窗楣、雨篷、阳台、压顶和突出腰线等的滴水槽的深度和宽度均应小于10mm。(×)

16. 所谓操作流程，即指工作（操作）步骤，是操作时必须遵循的先后顺序。(√)

17. 抹灰时，决定墙面抹灰厚度后，应在1m左右高度，距墙两边阴角10~20cm处，用底层抹灰砂浆（也可用1:3水泥砂浆或1:3:9混合砂浆）各做一个标准标志块（灰饼），厚度为抹灰层厚度（一般为1~1.5cm），大小为3cm×3cm。(×)

18. 粒状喷涂时应连续操作，不到分格缝处不得停歇。(√)

19. 抹灰的施工方案就是确定施工方法和技术安全措施。(×)

20. 体积安定性是指水泥在硬化过程中体积变化是否均匀的性质。(√)

21. 建筑施工图是指平面图、立面图、剖面图、基础详图和构造详图等。(×)

22. 水泥主要技术性能包括密度、细度、凝结时间、安定性、粘结力和强度等指标。(√)

23. 彩色抹灰施工时，同一墙面所用色调的砂浆要做到统一配料，颜料和水泥要一次干抹均匀。(√)

24. 窗洞口一般要求做护角，护角要方正一致，棱角分明，平整光滑。(×)

25. 面层抹灰应在底灰稍干后进行，底灰太湿会影响抹灰面平整，还可能“咬色”底灰太干，则容易使面层脱水太快而影

响粘结，造成面层空鼓。(√)

26. 抹灰施工时，当标筋尚软时就应装挡刮平，因为待墙面砂浆收缩后，会出现标筋高于墙面的现象，由此产生抹灰面不平等质量通病。(×)

27. 饰面板安装，在校正石膏临时固定后，进行灌浆，分三次灌至板平。(×)

28. 浇制石膏花饰，适用于水泥硬模进行。(×)

29. 水泥的细度越细，则其早期强度越高。(√)

30. 做美术和磨石时，兑色灰要随兑随用，不要多兑。(×)

31. 大理石板材允许有不贯穿的裂纹。(×)

32. 施工组织设计是指导整个施工过程的技术性文件。(√)

33. 网络要素中，把不消耗时间和资源的工序，称为虚工序。(√)

34. 陶瓷壁画应在其工程作业完成后，在封闭环境条件下进行。(√)

35. 釉面砖分格设计施工法，是按照面砖模数铺贴的一种方法。(√)

36. 彩砂涂料施工时，如涂料太稠可加水稀释。(×)

37. 一般抹灰按质量要求分为中级和高级二级。(×)

38. 磨光大理石表面不允许有砂眼和划痕。(√)

39. 当层高大于 3.2m 时，抹灰施工一般是从下往上抹。(×)

40. 室内常用的面层材料有麻刀石灰、纸筋石灰、石膏灰等。(√)

41. 室内纸筋石灰面层，一般应在中层砂浆三四成干后进行(手按不软，但有指印)。(×)

42. 室内石灰砂浆面层，应在中层砂浆五六成干时进行。(√)

43. 抹石膏面的工具与石灰膏罩面相同，可以用铁抹子。(×)

44. 石膏罩面施工作时先绕水将底子灰湿润，然后开始抹灰膏。(√)

45. 水砂罩面表面光滑耐潮，其特点是凉爽、干燥。(√)

46. 对砂（俗称青珠砂），其堆积密度为805kg/m³，平均粒径为0.15mm，使用前需淘洗过筛（窗纱筛），含泥量小于4%。(×)

47. 水砂罩面打底时，如果用大泥打底，罩面前须抹一层混合灰粘结层，配合比为水泥:灰膏=1:7~1:8。(√)

48. 膨胀珍珠岩灰浆罩面具有表观密度轻、热导率低、保温效果好等特点，一般作为保温砂浆用于保温、隔热要求较高的内墙抹灰。(√)

49. 刮大白的顺序要按先下后上，先棚面后墙面，先作面后作角的原则进行。(×)

50. 内墙抹灰时，连接处缝隙应用1:3水泥砂浆或1:1:6水泥混合砂浆分层嵌塞密实。(√)

51. 屋面防水工程完工前进行室内抹灰施工时，必须采取防水措施。(√)

52. 墙面应用细管自上而下浇水湿透，一般在抹灰前3d进行（1d浇2次）。(×)

53. 建筑物墙身的轴线，就是墙身的中心线。(×)

54. 外墙抹灰前应检查门窗框安装位置是否正确，需埋设的接线盒、配电箱、管线、管道套管是否固定牢固。(√)

55. 门窗框的堵缝工作要作为一道工序安排专人负责，门窗框安装位置准确牢固，用1:2水泥砂浆将缝隙塞严。(×)

56. 在室外抹灰时，为了增加墙面美观，避免罩面砂浆收缩后产生裂缝，一般均有分格条分格。(√)

57. 当天抹面层的分格条，两侧八字形斜角可抹成60°。(×)

58. 抹面的“隔夜条”，两侧八字形斜角应抹得陡一些，可

成45°。(×)

59. 外墙的抹灰层要求有一定的防水性能，一般采用水泥混合砂浆（水泥: 石子: 砂 =1:1:6）打底和罩面。(√)

60. 外墙抹水泥砂浆一般配合比为水泥: 砂 =1:2。(×)

61. 加气混凝土是一种新型建筑材料，其制品有砌块、屋面板和内外墙板，其材料性质具有容重轻、保温性能好、质轻多孔、便于加工及原材料广泛、价格低廉等特点。(×)

62. 加气混凝土墙体抹灰施工时，在基层表面处理完毕后，应立即进行抹底灰。(√)

63. 加气混凝土外墙抹灰应进行养护。(√)

64. 加气混凝土墙体抹灰施工时，为了防止空鼓开裂，可以涂刷“防裂剂”。(√)

65. 普通水泥的表观密度，通常采用3.1g/cm^3。(×)

66. 若石膏需缓慢凝固时，可掺入少量磨细的、未经煅烧的石膏。(×)

67. 水磨石石渣浆面层若有低凹处，可用同配合比的石渣浆修补平整。(×)

68. 质量“三检制”指自检、互检、交接检。(√)

69. 计算工程量时，楼梯各种面层按水平投影面以平方米计，楼梯井宽在50cm以内者不予扣除。(√)

70. 白水泥的初凝时间不早于45min，终凝不迟于12h。(√)

71. 水刷石花饰适用于水泥硬模浇制。(√)

72. 砖雕应在砖干燥时进行雕制。(√)

73. 水磨石面层的颜色和图案应按设计要求，面层分格不宜大于1000mm×1000mm，或按设计要求。(√)

74. 白色或浅色水磨石面层，应采用白水泥。(√)

75. 水磨石颜料应采用耐光、耐酸的矿物颜料，不得使用碱性颜料。(×)

76. 现浇水磨石地面面层应在完成顶棚和墙面抹灰后，再施

工水磨石地面面层。(√)

77. 水磨石面层宜在水泥砂浆基层的抗压强度达到0.6N/mm^{2}后方可铺设。(×)

78. 在铺设水磨石面层前，应在基层面上按设计要求的分格或图案设置分格嵌条，如铜条或玻璃条，亦可采用彩色塑料条。(√)

79. 建筑石膏的耐水性和抗冻性差，但耐火性较好。(√)

80. 施工准备就是在施工之前所做的准备工作，只要工程开工，就表示施工准备工作的结束。(×)

81. 网络计划的关键线路只有一条，在该线路上的工作称作关键工作。(×)

82. 对于抹灰砂浆，它比砌筑砂浆应具有更好的和易性及与基底材料的粘结性。(√)

83. 建筑石膏的主要成分是半水石膏，在硬化过程中，体积具有微膨胀性的特性。(√)

84. 人工彩色砂，彩色石粒的防酸、耐碱性能较差。(×)

85. 隔热层工程量按图示尺寸以立方米计算。(√)

86. 顶棚抹灰要在抹完灰线后进行，这样能较好地控制顶棚抹灰层的厚度和平整度，保证在线与顶棚抹灰交圈。(√)

87. 做美术水磨石地面一般要用1:3干硬性水泥砂浆，踢脚用1:3塑性水泥砂浆。(√)

88. 斩假石斩剁时，面层要干燥，但斩剁完后要洒水湿润。(×)

89. 釉面瓷砖镶贴施工，瓷砖要存放在水中1~2h，并随取随用。(×)

90. 地下室防潮，主要是结构本身防潮和做防潮层防潮，周围回填土密实性与其无关。(×)

91. 有机胶凝材料和无机胶凝材料都是建筑上常用的胶凝材料。(×)

92. 砂浆和易性包括流动性和粘结力两个方面。(×)

93. 饰面板干法工艺是根据施工条件确定的。(×)

94. 看施工图，首先看施工图首页，了解施工总说明，图纸目录等内容。(√)

95. 釉面砖分格设计施工法，门窗周围允许有大于 1/2 割砖。(×)

96. 釉面砖错缝铺贴比直缝铺贴美观效果好。(×)

97. 装饰混凝土具有简化施工工序，并具有良好耐久性和装饰效果。(√)

98. 堆塑的纸筋灰要有良好黏性和可塑性。(√)

99. 单层工业厂房的结构剖面图，往往与建筑剖面图是一致的，在施工中可互相套用。(√)

100. 白色硅酸盐水泥和彩色水泥的凝结时间和技术标准是相同的。(×)

101. 人造大理石成本比天然大理石要低，是理想的装饰材料。(√)

102. 在抹灰工程施工前必须对结构工程进行验收。(√)

103. 工料计算中，砂浆配合比计算，一般砂浆均按重量比来计算。(×)

104. 抹顶棚复杂灰线，在粘贴靠尺时，应先将模板放在靠尺间，然后将靠尺从头到尾粘结牢固。(×)

105. 剁假石抹灰，在两层混合砂浆搓平后，应待其干燥后用扫帚扫出条纹。(×)

106. 喷涂砂浆搅拌时，应将甲基硅醇钠溶液与聚乙烯醇甲醛胶直接混合，这样有利于粘结。(√)

107. 滚涂在滚拉时，要由下往上直拉，并一次滚成。(×)

108. 室外安装的镜面和宽面饰面板板缝，干接时应用水泥浆或石膏浆一次填抹。(×)

109. 新工艺大理石灌浆，采用灌水泥胶泥方法，提高了墙面与饰面砖的粘结力。(√)

110. 用于雕刻砖，如有砂眼、缺角时，可用同类砖粉和水

泥拌合修补。(×)

111. 根据砂的细度模数不同，砂可分粗砂、中砂、细砂、特细砂。(√)

112. 色粉与石粒间的比例大小，主要取决于石粒级配的好坏。(√)

113. 滚涂时，如出现砂浆过干，应在滚面上适当洒水。(×)

114. 玻璃锦砖表面光滑、不吸水、外露面大、粘结面小，与铺贴陶瓷砖所不同。(√)

115. 随捣随抹混凝土面层，表面缺浆时，可撒干水泥浆抹光。(×)

116. 冬期施工，现场供水管应埋设在冰冻线以上，立管露出地面要采取措施防冻、保温措施。(×)

117. 从事屋角和有斜坡部位高处作业时，必须穿软底鞋和硬底塑料鞋。(×)

118. 班组经济核算，要求做好原始记录。(√)

119. 看施工图，一定要把平面图、立面图、剖面图结合起来，搞清三者关系。(√)

120. 小尺寸块材铺贴，分格线应设在门框截口处。(×)

121. 彩砂涂料，施工基层表面要求坚实干净，保持湿润。(×)

122. 装饰混凝土正打工艺，是在模板底放置衬膜，脱膜后，经过处理得到各种装饰效果。(×)

123. 一般基础施工图分为基础平面图和基础大样图两种。(√)

124. 一般说，室外地坪以下的构造部分均属基础工程。(×)

125. 大理石饰面板抗压强度和抗折强度都比较好。(×)

126. 一般抹灰工程，当室内有水磨石地面时，为防止污染，应先做磨石子地面。(√)

127. 天沟、压顶、遮阳板按投影面积，以平方米计。(×)

128. 抹灰施工前，对于光滑基层表面应凿毛或者采取毛化处理措施。(√)

129. 现刷美术水磨石，宜采用42.5以上硅酸盐水泥和普通硅酸盐水泥。(×)

130. 拉条灰具有美观大方不易积灰成本低的优点，但吸声效果较差。(×)

131. 在喷涂过程中，如发生局部流淌时，应直接补喷，直到符合要求为止。(×)

132. 饰面工程所有锚固体以及联接件，一般要做防腐处理。(√)

133. 镶贴瓷砖，在水泥砂浆中掺入一定量的107胶，便于粘结，并起到一定的缓凝作用。(√)

134. 斩假石花饰，如花饰造型细致，可采取先斩剁，后安装的方法。(√)

135. 常用天然饰面板有大理石板、花岗石板和预制水磨石板等。(×)

136. 雕刻好的砖，铺贴前应浸水，晾干后再铺贴。(√)

137. 一般情况下，冲筋抹完后，待冲筋有强度时再装挡刮平。(×)

138. 梁抹灰找规矩，是顺梁的方向弹出梁的中心线，来控制梁两侧面的抹灰厚度。(√)

139. 玻璃锦砖和陶瓷锦砖一样，若底灰颜色不一致，会影响铺贴后墙面颜色深浅不一致。(×)

140. 菱苦土地面，按硬度分为弹性和硬质两种，硬质的加锯末和砂子。(√)

141. 雨期施工，砂浆要适当提高水灰比。(×)

142. 施工企业质量管理体系基本组成包括施工准备和施工过程两部分。(×)

143. 全面质量管理是以人为中心的管理。(√)

144. 饰面板湿法施工和干法施工工艺是一样的，都要在饰面板与结构层之间浇筑水泥砂浆。(×)

145. 大理石安装前，颜色和纹理都要预先排列。(√)

146. 陶瓷壁画一幅画的勾缝应分次完成。(×)

147. 砖雕时，应选用湿砖来雕刻。(×)

148. 人工彩色砂、彩色石粒的耐碱性能较好，防酸性能较差。(×)

149. 花岗石饰面板适用内、外装饰和楼地面等装饰。(√)

150. 阳台、雨篷按各层展开面积，以平方米计。(×)

151. 抹灰线的施工工艺过程通常是先抹顶棚，后抹墙面，再抹灰线。(×)

152. 仿石抹灰的基层处理以及底、中层抹灰要求与一般装饰抹灰相同。(√)

153. 拉条灰，如遇墙裙、踢脚板则要拉过 1 ~ 2cm，避免二次接头，影响质量。(√)

154. 粒状喷涂时，如喷粗、疏、大点时，砂浆要稠一些，气压要小一些。(√)

155. 滚涂时,如果要做阳角,应先做阳角,再做大面。(×)

156. 花岗石复合板干法工艺适应于混凝土墙、砖墙和加气混凝土墙。(×)

157. 大理石饰面板出现开裂脱落时，可采用环氧树脂，钢螺栓锚固法进行修补。(√)

158. 古建筑中凡用抹灰方法制作花饰叫“软活”。(√)

159. 网络图中主要关键线路每道工序时差等于零。(√)

160. 做楼地面时，要控制好地面的厚度，面层的厚度应与门框锯口线吻合。(√)

161. 白水泥水刷石的操作方法与普通水刷石相同，但冲洗石子时水流应比普通水刷石快些。(×)

162. 玻璃锦砖如表面污染较严重，可使用酸碱溶液洗涤。(×)

163. 沥青玛𤧛脂铺贴地砖，先将基层清扫干净，涂刷一层冷底子油，用沥青玛𤧛脂随涂随铺贴。(√)

164. 分项工程质量评定，一般按建筑主要部位来划分。(×)

165. 工作质量是建筑工程产品质量的基础和保证。(√)

166. 在网络图中，对关键线路要十分重视，否则会影响整个施工进度。(√)

167. 工程质量评定要严格按国家有关部颁的标准进行，评定程序是分部工程，再分项工程最后是单位工程。(×)

168. 建筑工程质量事故分为一般事故和重大事故两类。(√)

169. 防油渗面层是在水泥类基层上采用防油渗混凝土或防油渗涂料铺设（或涂刷）而成。(√)

170. 防油渗混凝土是在普通混凝土中掺入外加剂或防油渗剂，以提高抗油渗性能。(√)

171. 防油渗面层铺设时，水泥宜用矿渣硅酸盐水泥，其强度等级应不小于32.5R级，不可以使用过期水泥。(×)

172. 防油渗混凝土面层分区段浇筑时，应按厂房柱网进行划分，其面积不宜大于50m^2。(√)

173. 防油渗混凝土面层分格缝的深度为面层的总厚度，上下贯通，其宽度为25~35mm。(×)

174. 防油渗混凝土由于掺外加剂的作用，初凝前有缓凝现象，初凝后有早强现象，施工过程中应予以注意。(√)

175. 水泥钢（铁）屑面层是用水泥与钢（铁）屑的拌合料铺设在水泥砂浆结合层上而成，必要时可进行表面处理。(√)

176. 水泥钢屑面层铺设所用的钢（铁）屑粒径应为2~3mm，过大的颗粒和卷状螺旋的应予破碎，大于3mm的颗粒应予筛去。(×)

177. 铺设水泥钢（铁）屑面层时，应先铺一层厚20mm水泥砂浆结合层，将水泥与钢（铁）屑拌合料按厚度要求刮平并

随铺随振实。(√)

178. 水泥钢屑面层铺好后12h，应进行洒水养护。(×)

179. 不发火（防爆的）面层主要是用水泥类或沥青类的拌合料铺设而成。(√)

180. 不发火（防爆的）水泥类面层，水泥应采用矿渣硅酸盐水泥，其强度等级不应小于32.5级。(×)

181. 不发火（防爆的）水泥类面层，采用的细纤维填充料应为锯木屑，其粒径不应大于5mm，含水率不应大于12%。(√)

182. 不发火（防爆的）水泥类面层原材料加工和配制时，应随时检查，不得混入金属细粒或其他易发生火花的杂质。(√)

183. 楼梯踏步抹灰施工时，底子灰用1:2水泥砂浆厚度0.5cm，罩面用1:3水泥砂浆厚度15mn。(×)

184. 楼梯踏步抹灰施工时，常用的工具有钢皮抹子、木抹子、靠尺、阴阳角抹子。(√)

185. 楼梯踏步施工，踏步的防滑条，在罩面时一般在踏步口进出约10cm处粘上宽2cm，厚7mm的木条。(×)

186. 由于厨房、厕所的墙角等经常潮湿和易碰撞的部位需要防水、防潮、坚硬，因此，抹灰时室内设踢脚板，厕所、厨房设墙裙。(√)

187. 踢脚板、墙裙抹灰时，通常用1:2水泥砂浆抹底，中层用1:3或1:3.5水泥砂浆抹面层。(×)

188. 室内柱一般用石灰砂浆或水泥砂浆抹底层、中层；麻刀石灰或纸筋石灰抹面层；室外柱一般常用水泥砂浆抹灰。(√)

189. 墙裙、里窗台均为室内易受碰撞、易受潮部位，其抹灰施工时所用水泥宜用42.5级普通硅酸盐水泥。(×)

190. 室内梁抹灰一般多用水泥混合砂浆抹底层、中层，再用纸筋石灰或麻刀石灰罩面、压光；室外梁常用水泥砂浆或混

合砂浆。(√)

191. 窗套抹灰是指沿窗洞的侧边和天盘底（如无挑出窗台要包括窗台），用水泥砂浆抹出凸出墙面的围边。(√)

192. 窗套抹灰是指沿窗洞的侧边和天盘底（如无挑出窗台要包括窗台），用水泥砂浆抹出凸出墙面的围边。(×)

193. 外窗台抹灰砂浆是1:2水泥砂浆打底；1:(3~3.5) 水泥砂浆罩面。(×)

194. 腰线是沿外墙面水平方向，凸出抹灰层的装饰线。(√)

195. 阳台抹灰，是室外装饰的重要部分，要求各个阳台上下成水平线，左右成垂直线，进出一致，各个细部划一，颜色一致。(×)

196. 挑檐是指天沟、遮阳板、雨篷等挑出墙面用作挡雨、避阳的结构物。(√)

197. 压顶是指墙顶端起遮盖墙体、防止雨水沿墙流淌的挑出部分。压顶抹灰一般采用1:3水泥砂浆打底，1:(2~2.5) 水泥砂浆抹面。(√)

198. 在抹檐口、窗台、窗楣、阳台、雨篷、压顶和突出墙面的腰线以及装饰凸线时，应将其下面做成向外的滴水线槽，上面做成流水坡度。(√)

199. 抹滴水线（槽）应先抹立面，后抹顶面，再抹底面。(√)

200. 无特殊设计要求时，勒脚凸出墙面的厚度为7~10mm，其上口必须压实压平。必要时压成坡状，里高外低坡向室外。(√)

201. 机械喷灰就是把搅拌好的砂浆，经振动筛后倾入灰浆输送泵，通过管道，再借助于空气压缩机的压力，连续均匀地喷涂于墙面或顶棚上，经过找平搓实，完成底子灰全部程序。(√)

202. 机械喷灰适用于面积较小的抹灰工程。(×)

203. 机械喷灰施工所用的石灰膏应细腻洁白，不得含有未熟化颗粒及杂质，不得使用干燥、风化、冻结的石灰膏。(√)

204. 机械喷灰施工，砂浆搅拌应采用强制式搅拌机，搅拌时间不应少于2min。(√)

205. 内墙抹灰冲筋有两种形式，冲横筋时，在屋内2m以内的墙面上冲三道横筋。(×)

206. 机械喷灰方法有两种，一种是由上往下喷，另一种是由下往上喷。由下往上喷的方法优于由上往下喷的方法。(√)

207. 泵送砂浆应连续进行，避免中间停歇。(√)

208. 喷涂砂浆抹灰的顺序一般按先楼梯间、后墙面后顶棚、先过道后室内的顺序进行喷涂。(×)

209. 喷涂砂浆抹灰从一个房间转移至另一房间时，应关闭气管。(√)

210. 室内喷涂砂浆上墙的养护温度不应低于5℃，水泥砂浆层应在润湿条件下养护。(√)

211. 喷涂砂浆抹灰结束后，3d以内室内温度不应低于0℃。(×)

212. 室内抹灰如果在屋面防水完工前施工，必须采取防水、防渗措施，以不污染成品为准。(√)

213. 石灰膏内应掺入缓凝剂，其掺量应由试验确定，一般控制在20~30min内凝结。(×)

214. 层高4m，设外窗台的目的是为了排除雨水，保护外墙面，一般用砖平砌或侧砌而成，外窗台应凸出墙面，上面设有向外的排水坡度。(√)

215. 砌筑钢筋砖过梁的砂浆强度等级比墙体砂浆高二级，并不低M5。(×)

216. 钢筋砖过梁，钢筋的两端伸入侧墙身0.5~1砖长，钢筋砖过梁的高度不得少于皮砖。(×)

217. 平拱砖过梁，将砖侧砌，灰缝做成上宽下窄，但最宽不得大于40mm。(×)

218. 平拱砖过梁，将砖侧砌，灰缝做成上宽下窄，但最窄不得小于3mm。(√)

219. 平拱砖过梁，中间起拱约为跨度的1/20。(×)

220. 圈梁是为了增强建筑物的整体刚度和稳定性，提高建筑物的抗风、抗震和抗温度变化的能力，防止地基不均匀沉降对建筑物的不利影响，沿建筑物的内、外墙在水平方向周围设置的封闭式钢筋混凝土梁。(√)

221. 灰板条抹灰隔墙由上揽、槛、立筋、斜撑及灰板条等构件组成骨架，在上面抹灰而成。(√)

222. 钢丝网隔墙一般采用拉空钢板网钉在板条隔墙立筋上，然后在钢板网上抹水泥砂浆而成。(√)

223. 墙面的装饰，一方面是为了保护墙身，另一方面是体现建筑物的整体美观；同时还可以改善建筑物的热工、声学、光学等物理性能。(√)

224. 墙面的装饰按墙面装饰的位置分，可分为外墙装饰和内墙装饰两种。(√)

225. 在3.6m以上的抹灰，脚手架必须由架子工搭设。(√)

226. 水磨石楼地面，一般在楼面的结构层上或地面的垫层上抹5mm厚1:3水泥砂浆找平，然后在找平层上镶嵌金属或玻璃条，再抹5mm厚1:1.5~2.5的水泥石子面层，最后用水磨机加水磨成。(×)

227. 块材铺贴楼地面，一般在楼面垫层上或楼面的结构层上采用地砖、大理石、花岗石等块材，用水泥砂浆铺贴而成。(√)

228. 陶瓷锦砖楼地面，一般在楼地面垫层上或楼面的结构层上用水泥砂浆铺贴上陶瓷锦砖而成。它只适用于卫生间、盥洗室、浴室等处的地面。(√)

229. 坡屋顶是坡度大于20%的屋面，亦称斜屋面。其屋面的形式有：单坡屋顶、双坡屋顶、四坡屋顶、歇山屋顶等。(×)

230. 顶棚亦称天棚、平顶或吊顶，它可以使坡屋顶内顶部平整美观。顶棚是由顶棚搁栅、吊筋、面层等组成。(√)

231. 砌块墙与隔墙连接应采用加钢筋网片或钢筋加固拉接。(√)

232. 大板建筑是由预制大型的内外墙板、楼板、屋面板等构件组合装配的建筑。(√)

233. 框架轻板的节点构造。一般梁的连接取在距柱子轴线1/2处的反弯点处，横梁搁置在柱的牛腿上，梁与柱的钢筋在节点处采用搭接，然后用高强度等级混凝土浇成整体。(×)

234. 在建筑工程中，能将砂、石子、砖、石块等散粒或块状材料粘结成为整体的材料统称为胶凝材料。(√)

235. 无机胶凝材料中可分为气硬性胶凝材料和水硬性胶凝材料。(√)

236. 气硬性胶凝材料的特点是：它只能在水中硬化，不能在空气中硬化。(×)

237. 纤维、聚合物增强胶凝材料，是为了克服水泥、石灰、石膏等胶凝材料抗拉强度低、抗裂性差、脆性大等缺点。(√)

238. 聚乙稀纤维砂浆是由水泥砂浆掺入体积为4%~5%的切短的聚乙烯膜裂纤维制成的。(×)

239. 掺聚合物的胶凝材料，可提高流动性、降低水灰比，提高硬化体的密实度和抗渗性、强度高、粘结力强、抗冲击性好。(√)

240. 贴面类饰面是将块料面层镶贴在基层上的一种装饰方法。贴面材料的种类很多常用的有：饰面板、天然饰面板、人造石饰面板等。(√)

241. 裱糊塑料壁纸的胶粘剂，可用聚醋酸乳液和108胶:羧甲基纤维素:水的比例为100:50:30。(×)

242. 涂料是一种黏稠液体，涂刷在物体的表面，经挥发和氧化作用后，结成紧贴物体表面的坚硬薄膜。它既可增加物体的色彩和美观，又可保护物体防止腐蚀，延长使用寿命，是一

种重要的装饰材料。(√)

243. 密肋梁、井字梁顶棚抹灰，肋内或井内面积超过 $12m^2$ 时，梁和顶棚分别执行相应定额计算。(×)

244. 顶棚装饰线，其线数以阳角为准，按平方米计算工程量。(×)

245. 预制混凝土板顶棚勾缝，并入顶棚工程量内计算。(×)

246. 有钢筋混凝土梁的顶棚侧面及底面，按延长米计算工程量。(×)

247. 抹灰工程是建筑工程的重要组成部分，在工程造价中占有相当的比重。(√)

248. 内墙面抹灰的长度以立墙间的图示净长计算。无墙裙的，其高度自室内地坪算至顶棚底，如果有边梁的算至梁底。梁面抹灰另算。(√)

249. 内墙裙抹灰以长度乘以高计算，不扣除门窗洞口和空圈所占面积，但门窗洞口及空圈侧壁亦不增加，垛的侧面墙抹灰并入墙裙抹灰工程内计算。(√)

250. 外墙面抹灰高度计算方法，由室外设计地坪算起，有挑檐天沟者，就算至挑檐天沟上皮。(×)

251. 水泥踢脚线工程量计算方法，按净空周长以延长米计算，并应扣除门洞口所占长度，但门侧及垛侧边也不增加。(×)

252. 现制及预制水磨石、大理石等踢脚线工程量，按实际长度以延长米计算。(√)

253. 楼梯各种面层按平投影面积以平方米计算。超过 $15.0cm^2$ 者应扣除其面积。(×)

254. 地面平面防潮层，与墙面连接处高度超过 25cm 时，其立面部分的全部工程量均套立面相应定额计算。(×)

255. 伸缩缝、沉降缝、抗震缝的工程量计算方法，是均按图示尺寸和不同用料以平方米计算。(×)

256. 散水工程量计算方法，根据图示尺寸按实铺面积以延长米计算。(×)

257. 有挑檐的屋面找平层工程量计算方法，按挑檐外皮尺寸的水平投影面积以平方米计算。(√)

258. 内装饰的部位较多，一般包括：顶棚装饰、内墙面装饰、窗台装饰、接地面装饰、楼梯装饰、踢脚线装饰、墙裙装饰、门窗口装饰、厨房及卫生间内的装饰等。(√)

259. 外装饰的部位主要有：檐口平顶、窗套、窗台、腰线、阳台、雨篷、明沟、脚及墙面等。(√)

260. 抹灰施工前对门窗框与立墙交接处，应用石膏或灰架进行分层嵌实、塞实。(×)

261. 抹灰前，对于混凝土、混凝土梁头、砖墙或加气混凝土墙等基体表面不平处，应剔平或用灰浆补平。(×)

262. 浇水润墙的目的是确保抹灰砂浆与基体表面粘结牢固，防止抹灰层空鼓、裂缝脱落等质量通病。(√)

263. 对于各种不同抹灰基体，浇水润湿程度还应根据施工季节的气候温度和室内外操作环境酌情掌握。(√)

264. 抹灰施工中常用膏状形态的石灰，需在工地淋灰池中将生灰进行消解、熟化。(√)

265. 抹灰施工中，要求水泥具有良好的粘结性和安定性。应尽量少用高强度等级水泥，因为高强度等级水泥收缩性大，能引起开裂。(√)

266. 抹灰用砂最好为中砂或细中砂混合使用，避免用粗砂，以免面层抹不光。(×)

267. 装饰抹灰砂浆是直接涂抹于建筑物内外表面，通过各种骨料及特殊加工处理达到装饰效果的砂浆。(√)

268. 饰面安装用砂浆一般有水泥砂浆、水泥混合砂浆和聚合物水泥砂浆等。(√)

269. 砂浆的流动性和许多因素有关，胶凝材料的用量、用水量、胶凝材料的特性骨料的粗细、形状、级配及砂浆搅拌时

间等都可以影响砂浆的流动性。(√)

270. 机械进行面层抹灰时，砂浆流动性一般为 5 ~ 6cm。(×)

271. 若砂浆的保水性不好，在施工过程中，砂浆容易产生泌水、分离、离析或由于水分的流失而使砂浆的流动性变差，不易铺抹均匀，同时也影响胶凝材料的水化、硬化降低砂浆的强度和粘结力。(√)

272. 在拌合水泥砂浆时，当用水量超过砂浆的保水能力时，部分水分上升到新拌砂浆表面或滞留于骨料下面，经蒸发后形成孔隙，导致砂浆分层，强度降低，粘结能力变差。(√)

273. 灰线是在一些标准较高的公共建筑和民用建筑的墙面、檐口、梁底、顶棚、门窗口角等部位，适当设置一些装饰线，给人以舒适和美观的感觉。(√)

274. 做灰线的工具，一般是根据灰线的尺寸形状制成木模，木模分阴模、阳模两种。(×)

275. 所谓活模，是根据施工时工具的固定方式将模子卡在上下两根固定的靠尺上推拉出线条，适用于顶棚四周灰线和较大的灰线。(×)

276. 所谓死模，是把它靠在一根靠尺上或靠在左右靠尺上用双手拿模捋出灰线来，适用于梁底及门窗角等处的灰线。(×)

277. 一般的灰线用四道灰做成，底子灰粘结层也称头道灰，其作用是与基层粘帖牢固。(√)

278. 一般的灰线用四道灰做成，罩面灰也称四道灰，一般采用纸筋灰分两次抹成。(√)

279. 灰线的施工先抹墙面底子灰，留出灰线尺寸不抹，以便粘贴抹灰线的靠尺板。(√)

280. 灰线接头，要求与四周整个灰线镶接相互贯通，与已做好的灰线棱角尺寸、大小、凹凸形状成为一个整体。(√)

281. 仿石抹灰也称仿假石，即在基体上抹面层砂浆后，分

成若干大小不等、横平竖直的矩形格块，再用竹丝扫帚扫出毛纹或斑点，使其有石面质感的抹灰。(√)

282. 在仿石抹灰前对墙体浇水润墙，其中砖墙应提前 5d 浇水，每天两遍，使渗水深度达到 20mm 以上。(×)

283. 假面砖是用于外墙面砖颜色相似的彩色砂浆，抹成相当于外墙面砖分块形式与质感的装饰饰面。(√)

284. 斩假石是在高级抹灰的基础上，用水泥和石屑按比例抹成的砂浆做面层，在面层上用剁斧做出有规律的槽纹，墙面的外观像石料砌成的一样。彩色斩假石是在水泥中掺加矿物颜料，以增强斩假石的色彩效果。(√)

285. 釉面砖在镶贴前，应进行预排，把非整砖排在次要部位或阴角处。其排列方法有无缝镶贴、划块留缝镶贴、单块留缝镶贴。(√)

286. 镶贴釉面砖宜从阳角开始，由下而上进行。铺贴完后进行质量检查，用清水将釉面砖表面擦洗干净，用白水泥镶缝，最后用棉丝擦干净。(√)

287. 陶瓷壁画能巧妙地运用绘画艺术和陶瓷装饰技术，可以拼成人物、风景、花卉、动物等图案，用于公共活动场所，达到巧夺天工的艺术效果。(√)

288. 陶瓷壁画一幅画面的勾缝应分层完成，按由下往上的顺序进行，要根据画面的色调配制成相应的色浆，保证壁画的整体效果。(×)

289. 大理石饰面板的铺贴与安装前，先预拼排号。为了使大理石安装时能上下左右颜色花纹一致、纹理通顺、接缝严密吻合，故在安装前必须按大样图预拼、排号，在地上试拼，校正尺寸及四角套方，使其合乎要求。(√)

290. 大理石板材的安装顺序一般由上而下，每层由阴角向中间展铺，先将板材按基体上的弹线就位，绑扎不锈钢丝，用靠尺板找垂直、用水平尺找平、用方尺找好阴阳角。(×)

291. 砖雕施丁前首先进行翻样。按设计图样计算好用砖块

数并铺平，将砖缝对齐，四周固定挤紧，然后铺上复写纸、盖上图样，用圆珠笔照图样画出来。(√)

292. 砖雕刻：雕刻前，检查砖的干湿程度，潮湿的砖必须晒干后，方可进行雕刻，雕刻的要点是先刻后凿，先斜后直，再铲、剐、刮平。(×)

293. 对于琉璃花饰的修复，可以采用水泥砂浆堆塑，打点后进行油饰。(√)

294. 建筑工程全面质量管理工作主要包括：工程质量检验和评定、质量监督、质量通病与防治、工程质量事故及处理等。(√)

295. 施工验收规范规定了一般抹灰的抹灰层平均厚度，如金属网抹灰，其厚度不得大于15mm。(×)

296. 工程质量评定是按分项工程、分部工程和单位工程划分的，其工程质量等级均划分为“合格”和“优良”两级，应严格按国家有关部门颁布的标准执行。评定程序是先单位工程，再分项工程，最后是分部工程。(×)

297. 工程质量监督是由建立在建设单位、施工单位和设计单位之外的独立法定组织机构，即工程质量监督公司来统一监督和仲裁工程产品生产中的各种质量问题。(√)

298. 建筑工程的质量特性和特征概括起来可分为可靠性、适用性、经济性、美观性四个方面。(√)

299. 建筑企业的工作质量包括各级工程技术人员、管理人员和全体员工在内的整体素质，即从原材料、设计、施工、检验、设备、计划、服务到职工教育和培训等各项工作的优劣。(√)

300. 全面质量管理PDCA循环法，是建筑工程质量保证体系中，计划、实施、检查、处理四个阶段。(√)

3.2 选择题

1. 主要表示出建筑物内部的结构形式、分隔情况与各部位联系是__C__。

A. 平面图　B. 立面图　C. 剖面图　D. 标准图

2. 详图的比例是1∶25，实际物体是200cm，图纸上尺寸是__B__。

A. 50mm　B. 80mm　C. 100mm　D. 120mm

3. 设计图样是按一定规则和方法绘制的，它能准确地表示出房屋及其构件的形状，尺寸和技术要求，为施工单位制定施工计划、编制施工预算提供__A__。

A. 依据　B. 根据　C. 素材　D. 条件

4. 剖面图所表达的__B__与剖切平面的位置和剖视的方向有关，故在进行剖视时，必须在被割切的图面处用剖视记号标注。

A. 要求　B. 内容　C. 目标　D. 方法

5. 在断面图中只表达被剖切的断面，不绘出剖切断面后的形体轮廓线，这是断面图和__C__的主要区别。

A. 平面图　B. 立面图　C 剖面图　D. 详图

6. 建筑施工图，是进行施工技术管理的重要__D__，是组织和指导施工的主要依据。

A. 管理文件　B. 理论根据　C. 监理文件　D. 技术文件

7. 整套的施工图样，是由若干不同内容的图样所组成，为了便于技术人员的__A__，需要有一定形式的图样索引来指引。

A. 查阅　B. 施工　C. 设计　D. 使用

8. 建筑平面图的图名一般按其所表明层间的层数来命名。通常由底层平面图、__B__平面图和顶层平面图三部分组成。

A. 二层　B. 标准层　C. 三层　D. 四层

9. __C__主要表明建筑物内部的空间布局、内部构造和结构形式、竖向分层等情况，反映建筑物各层的构造特点及竖向定位控制尺寸等，是施工的重要依据。

A. 建筑断面图　　B. 建筑立面图

C. 建筑剖面图　　D. 建筑详图

10. 一切建筑工程的建设必须按照<u>A</u>进行施工。

A. 设计图样　　B. 建筑立面图

C. 建筑剖面图　　D. 建筑详图

11. 楼梯详图一般由楼梯平面图、剖面图和<u>D</u>等部分组成。

A. 断面图　　B. 标准图　　C. 立面图　　D. 节点详图

12. 楼梯节点详图一般包括楼梯踏步和栏杆扶手的<u>A</u>，用以反映其构造尺寸、用料情况和构件连接等内容。

A. 大样图　　B. 断面图　　C. 平面图　　D. 立面图

13. 外墙<u>B</u>主要表明建筑物的檐口、窗顶、窗台、勒脚和明沟等几个关键部位与墙身的构造连接关系。

A. 大样图　　B. 节点详图　　C. 剖面图　　D. 立面图。

14. 建筑构造是专门研究建筑物各组成部分的组合原理和构造方式的<u>C</u>，是建筑设计、建筑施工的重要组成部分。

A. 问题　　B. 基础　　C. 学科　　D. 科目

15. 我国颁布的《建筑统一模数制》中规定的基本模数 $M\sigma$ = <u>D</u> mm，同时根据基本模数的整倍数和分倍数延伸为扩大模数（$3M\sigma$、$6M\sigma$）、分模数（$M\sigma/10$、$M\sigma/5$、$M\sigma/2$）。

A. 400　　B. 300　　C. 200　　D. 100

16. 按建筑物层次多少分类：低层建筑为<u>A</u>的建筑。

A. 1～5层　　B. 1～6层　　C. 1～7层　　D. 1～8层

17. 按建筑物层次多少分类：高层建筑为<u>D</u>的建筑。

A. 6层以上　　B. 7层以上　　C. 8层以上　　D. 9层以上

18. 采用<u>A</u>厚细石混凝土带，内配3根，6mm钢筋做防潮层。

A. 60mm　　B. 70mm　　C. 80mm　　D. 90mm

19. 石灰是在建筑中使用较早的一种气硬性矿物胶凝材料，是用含有碳酸钙、碳酸镁的石灰岩，经过<u>B</u>℃的高温煅烧后，形成的块状物。其主要成分为氧化钙氧化镁。

A. 500 ~ 1000　　B. 1000 ~ 2000

C. 500 ~ 2000　　D. 1000 ~ 3000

20. 为减少基层吸水性，基层表面可涂刷 C 。

A. 水玻璃　　B. 木质素磺酸钙

C. 108 胶水溶液　　D. 石膏浆

21. 净砂含水率膨胀系数，综合按 15% 考虑。计算砂用量时，按此规定增加，若实际不符 C 。

A. 按实际调整　　B. 按材料定额调整

C. 不作调整　　D. 没有规定

22. 水泥正常情况下，能达到强度等级的 C 。

A. 70%　　B. 75%　　C. 95%　　D. 100%

23. 现制水磨石同一面层，采用几种颜色时 C ，待前一种水泥石砂浆初凝后，再抹后一种水泥石粒浆。

A. 先做浅色，再做深色；先做大面，再做镶边

B. 先做浅色，再做深色；先做镶边，再做大面

C. 先做深色，再做浅色；先做镶边，再做大面

D. 先做深色，再做浅色；先做大面，再做镶边

24. 瓷砖的吸水率不得大于 C 。

A. 10%　　B. 15%　　C. 18%　　D. 20%

25. 为了确定弹涂面层质量，要用甲基硅树脂罩面，外罩甲基硅树脂要根据施工时的温度，加入 D 的乙醇胺固化剂。

A. 5% ~ 7%　　B. 3% ~ 5%　　C. 2% ~ 5%　　D. 1% ~ 3%

26. 地面施工分格缝，不同标高分界线，应设在门框 C 。

A. 外边缘　　B. 内边缘　　C. 截口处　　D. 中央

27. 大理石或花岗岩铺地面用干法施工时，结合层采用 A 。

A. 干铺 1∶2.5 水泥砂　　B. 干铺 1∶2 石灰砂

C. 干铺 1∶3∶9 混合砂　　D. 干铺 1∶3 水泥砂加 108 胶水

28. 彩色斩假石面层抹完后，要防止烈日暴晒或遭冰冻，在常温下一般需要养护 2 ~ 3d，其强度应控制在 A 左右。

A. 5MPa　　B. 10MPa　　C. 15MPa　　D. 20MPa

29. 施工现场的临时道路要形成循环圈，双行道宽度不得小于_C_。

A. 4m　　B. 5m　　C. 6m　　D. 7m

30. 古建筑装饰可分为_C_类。

A. 一　　B. 二　　C. 三　　D. 四

31. 每栋工棚的防火间距，城区不得小于_B_。

A. 3m　　B. 5m　　C. 7m　　D. 10m

32. 瓷砖在粘贴前没有用水浸泡，会造成_A_。

A. 空鼓　　B. 表面起碱　　C. 不平整　　D. 强度低

33. 室内单独花饰中心线的允许偏差为_A_。

A. 10mm　　B. 15mm　　C. 20mm　　D. 25mm

34. 按建筑尺寸试排大理石后，如有不足整规格板块，安装时高度方向一般安装在_B_。

A. 最下行　　B. 最上行　　C. 中间　　D. 任何部位

35. 陶瓷壁画的环境施工温度一般不得低于_C_。

A. -5℃　　B. 5℃　　C. 15℃　　D. 20℃

36. 27.5 普通水泥 28d 达到抗压强度_A_。

A. 27.0MPa　　B. 15.7MPa　　C. 41.0MPa　　D. 51.0MPa

37. 按国家规定，水泥初凝时间不得早于_A_。

A. 45min　　B. 1h　　C. 3h　　D. 5h

38. 抹灰线一般用四道灰抹成，出线灰一般用_C_。

A. 1∶2 水泥砂浆　　B. 纸筋灰

C. 1∶2 石灰砂浆　　D. 石膏灰

39. 美术水磨石采用颜料应耐碱、耐光，掺入量不得大于水泥用量的_B_。

A. 10%　　B. 12%　　C. 15%　　D. 20%

40. 石膏花饰钉孔，表面应用_B_塞。

A. 白水泥浆　　B. 石膏灰　　C. 油膏　　D. 石灰浆

41. 网络图诸线路中需要时间最长的线路，叫做_A_。

A. 关键线路　　B. 重要线路

C. 次关键线路　　D. 不重要线路

42. 42.5 普通水泥 28d 达到抗压强度 C 。

A. 27MPa　　B. 15.7MPa　　C. 41MPa　　D. 51.5MPa

43. 建筑石膏在硬化时，体积 A 。

A. 膨胀 1% 左右　　B. 收缩 1% 左右

C. 不变　　D. 以上都不是

44. 抹灰线一般用四道灰抹制而成，罩面灰一般用 D 。

A. 1∶1∶1 混合砂浆　　B. 1∶2 水泥砂浆

C. 1∶2 石灰砂浆　　D. 纸筋灰

45. 用纸筋灰堆塑时，要参照图样或实样按 A 堆塑。

A. 2% 比例放大　　B. 2% 比例缩小

C. 实样大小　　D. 以上都可以

46. 抹石膏灰线，用配好的 4∶6 石膏灰罩面，要求在 D 内，抹完罩面灰。

A. 1 ~ 3min　　B. 5 ~ 7min　　C. 10 ~ 15min　　D. 30min

47. 多立杆式外脚手架，在上面运料时，每平方米荷载不得超过 C 。

A. 1kN　　B. 2kN　　C. 3kN　　D. 4kN

48. 墙柱安装大理石饰面时，应待结构沉降稳定后再进行安装，并且 A 。

A. 在顶部和底部都留有一定的空隙

B. 在顶部和底部都塞紧

C. 在顶部塞紧，底部留有空隙

D. 底部塞紧，顶部留有空隙

49. 湿法安装大理石时，基层面到大理石表面距离不小于 B 。

A. 2cm　　B. 5cm　　C. 10cm　　D. 无要求

50. 大理石饰面板接缝高低的允许偏差为 D 。

A. 2mm　　B. 1mm　　C. 0.5mm　　D. 0.3mm

51. 瓷砖材料质地疏松，有隐伤，施工前瓷砖浸泡不透，粘浆保水性差，会造成瓷砖的 D 。

A. 裂缝　B. 变色　C. 空鼓　D. 以上都可能

52. 采用环氧树脂钢螺栓锚固法修补大理石饰面，灌浆时，树脂枪的最大压力为 B 。

A. 0. 1MPa　B. 0. 4MPa　C. 1MPa　D. 4MPa

53. 石膏花饰制作时石膏浆灌后翻模的时间，一般应控制在 B 。

A. 5min 以内　B. 5 ~ 15min　C. 15 ~ 30min　D. 30min 以上

54. 10mm 水磨石分格条水泥浆八字角的高度控制在 C 。

A. 8mm　B. 7mm　C. 5mm　D. 3mm

55. 铁梳子是 D 抹灰的专用工具。

A. 仿石　B. 拉条灰　C. 假面砖　D. 拉假石

56. B 抹灰，适宜做吸声墙面，吸声效果好。

A. 仿石　B. 拉条灰　C. 拉假石　D. 假面砖

57. 喷涂层的总厚度应控制在 C 左右。

A. 0. 5mm　B. 1. 5mm　C. 3mm　D. 5mm

58. 建筑地基承载力一般表示在 C 中。

A. 结构详图　B. 建筑详图

C. 施工总说明　D. 基础施工图

59. 在全面质量管理工作中常用的两图是指 B 。

A. 因果图、散布图　B. 排列图、因果图

C. 排列图、直方图　D. 直方图、因果图

60. 室外抹灰时，脚手架上的跳板应满铺，最少不得少于 B 。

A. 二块　B. 三块　C. 四块　D. 五块

61. 施工作业计划是 C 。

A. 年度计划　B. 季度计划

C. 月、旬计划　D. 以上都是

62. 常用材料消耗定额，作为签发施工任务书和限额预料使用的是 C 。

A. 概算定额　B. 预算定额　C. 施工定额　D. 劳动定额

63. 釉面砖分格设计施工法，异形砖（割砖）要用于阴角处，且不得小于 B 。

A. 1/3 砖　B. 1/2 砖　C. 1/4 砖　D. 3/4 砖

64. 砖雕的装贴材料是 A 。

A. 油灰　B. 水泥浆　C. 石膏浆　D. 纸筋灰

65. 花岗石吸水率为 A 。

A. 0.5% ~0.7%　B. 5% ~7%　C. 10%左右　D. 15%左右

66. 熟石灰是生石灰加水消解而成，主要成分是 C 。

A. 氧化镁　B. 氧化钙　C. 氢氧化钙　D. 碳酸钙

67. 结构图上 3ϕ22 表示 B 。

A. 3 根直径 22mm Ⅱ级钢筋

B. 3 根直径 22mm Ⅰ级钢筋

C. 3 根半径 22mm 圆钢

D. 3 根直径 22mm 钢筋

68. 建筑施工图与结构施工图不同之处是 B 。

A. 轴线　B. 标高　C. 梁的位置　D. 门窗位置

69. 矿渣水泥能达到抗压强度值是 C 。

A. 26.5MPa　B. 24.6MPa

C. 20.6MPa　D. 以上都可能

70. 石膏加水后凝结硬化较快，一般初凝不得早于 A 。

A. 4min　B. 8min　C. 10min　D. 15min

71. 大理石饰面板，轻放时应光面相对，要求垛高不超过 B 为宜。

A. 0.5m　B. 1m　C. 1.6m　D. 2m

72. 底层抹灰厚度为 A 。

A. 5 ~10mm　B. 5 ~12mm　C. 5mm　D. 3mm 左右

73. B 抹灰主要起找平和结合的作用。

A. 底层　B. 中层　C. 面层　D. 基层

74. 抹灰时，滴水槽的深度和宽度均应 D 10mm，并且垂直整齐，内高外低。

A. 等于　　B. 大于　　C. 小于　　D. 大于等于

75. 内墙抹灰时，所做的标准标志块的大小为 A 。

A. 1cm×1cm　　B. 2cm×2cm

C. 5cm×5cm　　D. 10cm×10cm

76. 标筋也叫冲筋，出柱头，就是在上下两个标志块之间先抹出一条 B 灰埂，其宽度为10cm左右，厚度与标志块相平，作为墙面抹底子灰填平的标准。

A. 长方形　　B. 长梯形　　C. 正方形　　D. 菱形

77. 护角应抹1∶2水泥砂浆，一般高度不应低于 D m，护角每侧宽度不小于50mm。

A. 1　　B. 3　　C. 0.5　　D. 2

78. 当层高小于 B m时，抹灰施工一般先抹下面一步架，然后搭架子再抹上一步架。

A. 3.5　　B. 3.2　　C. 2.8　　D. 2.3

79. 面层抹灰时，打底一般用 A 石灰浆。

A. 1∶2.5　　B. 1∶2　　C. 1∶3　　D. 1∶1.5

80. 用膨胀珍珠岩灰浆罩面时，厚度越薄越好，通常用 B cm左右。

A. 1　　B. 2　　C. 3　　D. 4

81. 冲完筋 D h左右就可以抹底灰，不要过早或过迟。

A. 1　　B. 3　　C. 1.5　　D. 2

82. 内墙抹灰时，灰饼宜用1∶3水泥砂浆做成 B 的形状。

A. 2cm×2cm　　B. 5cm×5cm　　C. 3cm×3cm　　D. 4cm×4cm

83. 配电箱、消火栓等背后裸露部分应加钉铁丝网固定好，可涂刷一层界面剂，铁丝网与最小边搭接尺寸不应 B 10cm。

A. 等于　　B. 小于　　C. 大于　　D. 大于等于

84. 当灰饼砂浆达到A 干时，即可用与抹灰层相同砂浆标筋，标筋根数应根据房间的宽度和高度确定，一般标筋宽度为5cm。

A. 七八成　　B. 四五成　　C. 六七成　　D. 八九成

85. 外墙的抹灰层要求有一定的_A_性能，一般采用水泥混合砂浆打底和罩面。

A. 防水　B. 防火　C. 防渗　D. 防腐

86. 在加气混凝土表面上抹灰，防止空鼓开裂的措施，目前有_B_种。

A. 1　B. 3　C. 2　D. 4

87. 顶棚抹灰时，底层抹灰厚度为_A_mm，采用配合比为水泥∶石灰膏∶砂＝1∶0.5∶1 的水泥混合砂浆。

A. 2　B. 3　C. 5　D. 10

88. 顶棚抹灰一般分_B_遍成活。

A. 2～3　B. 3～4　C. 4～5　D. 1～2

89. 混凝土顶棚抹灰找平层厚度为_D_mm。

A. 2　B. 5　C. 10　D. 6

90. 钢板网吊顶顶棚抹灰，为了防止裂缝、起壳等缺陷，在砂浆中不宜掺_C_。

A. 砂子　B. 缓凝剂　C. 水泥　D. 石灰粉

91. 水泥混凝土面层施工时，浇筑水泥混凝土的坍落度不宜_D_30mm。

A. 小于　B. 等于　C. 大于等于　D. 大于

92. 水磨石面层铺设时，水磨石面层是采用水泥与石粒的拌合料在_B_mm 厚 1∶3 水泥砂浆基层上铺设而成。

A. 10～15　B. 15～20　C. 20～35　D. 5～10

93. 水磨石面层施工时，所用颜料的掺入量宜为水泥重的_D_。

A. 1%～3%　B. 3%～10%　C. 6%～10%　D. 3%～6%

94. 防油渗面层铺设时，所用水泥宜用_B_。

A. 硅酸盐水泥　B. 普通硅酸盐水泥

C. 矿渣硅酸盐水泥　D. 火山灰硅酸盐水泥

95. 水泥钢（铁）屑面层铺设时，其面层强度等级不应_C_C40，其厚度一般为 5mm 或按设计要求。

A. 高于　　B. 等于　　C. 低于　　D. 高于或等于

96. 不发火（防爆的）面层铺设时，采用的细纤维填充料应为D级石棉或木粉等。

A. 1　　B. 2　　C. 5　　D. 6

97. 楼梯踏步抹灰施工时，罩面用1∶2水泥砂浆，厚度为D mm。

A. 2　　B. 4　　C. 6　　D. 8

98. 踢脚板、墙裙施工时，通常用C水泥砂浆打底。

A. 1∶2　　B. 1∶2.5　　C. 1∶3　　D. 1∶4

99. 室内柱的抹灰施工时，抹面层通常用A。

A. 麻刀石灰或纸筋石灰　　B. 石灰砂浆或水泥砂浆

C. 水泥砂浆　　D. 混合砂浆

100. 梁抹灰前应认真清理梁的两侧及底面，清除模板的隔离剂，用水湿润后刷水泥素浆或洒B的水泥砂浆一道。

A. 1∶2　　B. 1∶1　　C. 1∶2.5　　D. 1∶3

101. 压顶排水坡度宜在D以上，坡向里面。

A. 40%　　B. 30%　　C. 20%　　D. 10%

102. 冬期机械喷灰施工时，砂浆搅拌温度不应低于C，砂浆搅拌时间应比平时延长1min以上。

A. 10℃　　B. 18℃　　C. 23℃　　D. 28℃

103. 泵送砂浆时，当建筑物超过D m，泵送压力达不到要求时，应设置接力泵。

A. 30　　B. 40　　C. 50　　D. 60

104. 超过C m高的建筑，必须搭上、下马道，严禁施工人员爬梯子或乘起重吊篮。

A. 2　　B. 3　　C. 4　　D. 5

105. 施工现场架设的低压线路，不得用裸导线；所架设的高压线，应距建筑物水平距离A以外，垂直距离地面____以上；跨越交通要道，要搭设防护架，并经有关部门验收。

A. 10m，7m　　B. 7m，10m　　C. 7m，6m　　D. 6m，8m

106. 施工现场使用行灯电压不超过<u>B</u>V，在潮湿场所，行灯电压不超过____V。

A. 220，36　B. 36，12　C. 20，12　D. 36，36

107. 施工所用梯子不得垫高使用，梯子档间距以<u>B</u>cm 为宜，单面梯子与地面夹角以60°~70°为宜。

A. 10　B. 30　C. 20　D. 60

108. 外墙面砖质地坚固，吸水率不大于<u>A</u>。

A. 8%　B. 12%　C. 14%　D. 18%

109. 一般抹灰工程的施工方案是根据<u>A</u>的施工顺序制订的。

A. 单位工程　B. 分部工程　C. 分项工程　D. 工艺流程

110. 坡屋顶高跨比是1∶2，那么坡度系数是<u>B</u>。

A. 1　B. 1. 41　C. 1. 73　D. 1. 20

111. 美术水磨石地面如使用玻璃条分格时，应在分格条处，先抹一条<u>C</u>宽的彩色面层的水泥浆带。

A. 30mm　B. 40mm　C. 50mm　D. 60mm

112. 水磨石地面最后一遍磨光，应等到强度达到后用<u>A</u>砂轮磨光。

A. 220 号　B. 180 号　C. 160 号　D. 80 号

113. 拉条灰，拉条时墙面中层砂浆强度达到<u>B</u>时，才能涂膜粘结层及罩面砂浆。

A. 50%　B. 70%　C. 90%　D. 95%

114. 彩色斩假石质量标准，立面垂直允许偏差<u>C</u>。

A. 2mm　B. 3mm　C. 4mm　D. 5mm

115. 彩色斩假石，如底面层总厚度超过<u>A</u>时，在底层应加摊的钢筋网。

A. 4mm　B. 5mm　C. 5. 5mm　D. 6mm

116. 饰面板接缝宽度，天然板为<u>D</u>。

A. 3mm　B. 5mm　C. 8mm　D. 10mm

117. 水泥石粒浆堆塑，材料中最关键的是<u>A</u>。

A. 水泥　B. 石粒　C. 加水量　D. 砂

118. 施工现场临时道路，一般单行道宽度不少于 B 。

A. 2m　B. 4m　C. 5m　D. 6m

119. 在高压线或其他架空线两侧从事起重吊装作业时，要确定安全距离，距 1kV 以下线路，距离至少保持 A 。

A. 1.5m　B. 2m　C. 3m　D. 4m

120. 工棚内灯具，电线有绝缘装置，灯具与易燃物一般应保持 B 间距。

A. 20cm　B. 30cm　C. 40cm　D. 50cm

121. 套间采用相同材料，颜色不同时，分色线应设在门框 D 。

A. 外边缘　B. 内边缘　C. 中央　D. 截口处

122. 瓷砖镶贴边条的铺贴顺序是 B 。

A. 墙面→墙面→阴、阳角条

B. 墙面→阴、阳角条→墙面

C. 阴、阳角条→墙面→墙面

D. 以上都不是

123. 碎拼大理石墙面铺贴，每天铺贴高度不宜超过 C 。

A. 0.8m　B. 1.0m　C. 1.2m　D. 1.5m

124. 水磨石地面，石粒的最大粒径，应比水磨石面层厚度小 B 为宜。

A. 0.5 ~ 1mm　B. 1 ~ 2mm　C. 2 ~ 3mm　D. 3 ~ 3.5mm

125. 组织流水施工能保持施工过程 D 。

A. 连续性　B. 均衡　C. 节奏性　D. 以上都是

126. A 是班组核算主要依据。

A. 施工任务书　B. 施工作业计划

C. 排列图　D. 施工方案

127. 喷塑涂料施工，风速大于 C 时，应暂停施工。

A. 2m/s　B. 3m/s　C. 5m/s　D. 8m/s

128. 结构图中，$\phi6@200$ 表示 D 。

A. 直径 6mm，I 级钢筋间隔 200mm 长

B. 直径 6mm，I 级钢筋 200mm 高

C. 直径 6mm，I 级钢筋 200mm

D. 直径 6mm，I 级钢筋每间隔 200mm 一道

129. 水泥初凝时间是指 B 。

A. 逐步失去塑性时间　　B. 开始降低塑性时间

C. 完全失去塑性时间　　D. 开始产生强度时间

130. 灰线分层用灰，垫层灰也称 B ，其作用是做灰线的垫层。

A. 一道灰　　B. 二道灰　　C. 三道灰　　D. 四道灰

131. 灰线分层用灰，出线灰也称 C ，采用石灰砂浆，对砂浆中砂子要求高。

A. 一道灰　　B. 二道灰　　C. 三道灰　　D. 四道灰

132. 铁梳子一般用 A 厚钢板剪成所需齿距的锯齿形，用于假面砖划纹。

A. 2mm　　B. 3mm　　C. 4mm　　D. 5mm

133. 强度等级为 42.5 的普通水泥的达到抗压强度最低值是 B 。

A. 26.5MPa　B. 24.6MPa　C. 20.6MPa　D. 以上都可能

134. 石膏加水后凝结硬化较快，一般终凝不超过 C 。

A. 20min　　B. 25min　　C. 30min　　D. 45min

135. 大理石饰面板，堆放时应立放，其垛高不应超过 D 。

A. 1m　　B. 1.2m　　C. 1.4m　　D. 1.6m

136. 陶瓷锦砖耐酸度指标 D 。

A. >80%　　B. >84%　　C. >90%　　D. >95%

137. 内墙面抹灰，如吊顶不抹灰的，其高度按室内楼（地）面算至吊顶底面 C 。

A. 另加 5cm　B. 另加 10cm　C. 另加 20cm　D. 不加

138. 坡屋顶高跨比是 1:10，那么它的坡度是 D 。

A. 5%　　B. 10%　　C. 15%　　D. 20%

139. 铺设细石混凝土地面面层，应从里面向门口方向铺设，应比门框锯口线略低_C_。

A. 0.5~1mm　B. 1~2mm　C. 3~4mm　D. 5~6mm

140. 随捣随抹混凝土面层，在施工间歇后的施工缝，应该在混凝土抗压强度达到_C_后再继续浇筑或随捣随抹。

A. 0.8MPa　B. 1.0MPa　C. 1.2MPa　D. 1.5MPa

141. 一般美术水磨石地面要求_D_。

A. 二浆二磨　B. 二浆二磨　C. 二浆四磨　D. 二浆五磨

142. 拉假石时，应待水泥石屑浆_A_用抓耙依着靠尺按同一方向抓。

A. 初凝后　B. 终凝后　C. 达到强度后　D. 开始硬化时

143. 彩色斩假石质量标准阴阳角垂直允许偏差_B_。

A. 2mm　B. 3mm　C. 4mm　D. 5mm

144. 喷涂砂浆使用的甲基硅醇钠应用_A_溶液中和，降低pH值。

A. 硫酸铝　B. 硅酸钠　C. 氧化铝　D. 氧化镁

145. 饰面砖接缝宽度，如砖边长大于20cm，饰面砖一般为_B_。

A. 1.5mm　B. 3mm　C. 4mm　D. 5mm

146. 中砂的细度模数为_C_。

A. 1.5~0.7　B. 2.2~1.6　C. 3.0~2.3　D. 3.7~3.1

147. 全面质量管理核心是_A_。

A. 提高人的素质　B. 计划　C. 经济效益　D. 管理

148. 在高压线或其他架空线两侧从事起重吊装作业时，要确定安全距离，距1~20kV线的距离至少保持_B_。

A. 1.5m　B. 2m　C. 3m　D. 4m

149. 水泥楼是一种常用的坡道形式，一般要求坡度小于_C_。

A. 1∶2　B. 1∶3　C. 1∶4　D. 1∶5

150. 一般颜料着色力与_A_的平方成正比。

A. 其粒径　B. 颜色择量　C. 颜料种类　D. 加水量

151. 耐酸砖，铺贴时灰缝宽度一般为<u>C</u>。

A. 1～2mm　B. 2～3mm　C. 3～5mm　D. 5～7mm

152. 细石混凝土地面，要求坍落度不得大于<u>A</u>。

A. 3cm　B. 4cm　C. 5cm　D. 6cm

153. 普通黏土砖，铺砌在砂结合层上，砂结合层厚度<u>C</u>。

A. 5～10mm　B. 10～15mm　C. 15～20mm　D. 20～25mm

154. 喷塑涂料饰面，最佳施工条件<u>A</u>。

A. 气温27℃，湿度50%无风

B. 气温15℃，湿度50%无风

C. 气温27℃，湿度85%无风

D. 气温15℃，湿度85%无风

155. 细石混凝土屋面工程，混凝土配合比应由试验确定，要求每立方米水泥用量不少于<u>D</u>。

A. 250kg　B. 270kg　C. 300kg　D. 330kg

156. 结构图上，2ϕ12表示<u>C</u>。

A. 2根直径12mm钢筋

B. 2根半径12mm，I级钢筋

C. 2根直径12mm，I级钢筋

D. 2根半径12mm钢筋

157. ZC代号表示<u>B</u>。

A. 柱　B. 柱间支撑　C. 抗风柱　D. 屋架支撑

158. 对生石灰的运输的贮存应注意防雨、防潮，保管和贮存的时间不宜超过<u>D</u>个月。

A. 4　B. 3　C. 2　D. 1

159. 凡是由硅酸盐水泥熟料，加入<u>A</u>石灰石或粒化高炉矿渣及适量石膏磨细制成的水硬性凝胶材料，成为硅酸盐水泥。

A. 0～5%　B. 6%～10%　C. 11%～15%　D. 16%～20%

160. 我国膨胀水泥的净浆膨胀值为1d不少于0.15%，28d不大于<u>B</u>%。

A. 0.9　B. 1　C. 0.7　D. 0.8

161. 掺水溶性聚合物的胶凝材料，可使砂浆的抗压强度提高_D_。

A. 1% ~4%　B. 5% ~9%　C. 10% ~14%　D. 15% ~30%

162. 内墙抹灰工程量按垂直投影面积，以平方米计算，应扣除门窗洞口和空洞所占面积，不扣除踢脚线、装饰线、挂镜线以及_A_ m^2 以内孔洞和墙与构件交接处的面积。

A. 0. 3　B. 0. 4　C. 0. 5　D. 0. 6

163. 内墙面抹灰，工程量计算应按吊顶不抹灰的，其高度按室内楼（地）面算至吊顶底面另加_B_ cm。

A. 10　B. 20　C. 30　D. 40

164. 外墙面抹灰工程量的计算，应按外墙长度乘高度的垂直投影面积，以平方米计算，应扣除门窗洞口（指门窗框外围尺寸）及空圈所占面积，但不扣除_C_ m^2 以内的孔洞面积。

A. 0. 5　B. 0. 6　C. 0. 3　D. 0. 4

165. 顶棚抹灰工程量计算，对密肋梁、井字梁顶棚抹灰，肋内或井内面积在_D_ m^2 内时，以展开面积计算。

A. 7　B. 6　C. 8　D. 5

166. 楼地面工程量计算，对水泥及 108 胶彩色地面，按主墙间的净空面积以平方米计算，不扣除墙垛、柱、间壁墙及_A_ m^2 以内孔洞所占面积。

A. 0. 3　B. 0. 5　C. 0. 4　D. 0. 6

167. 楼梯面层工程量计算，按水平投影面积以平方米计算。楼梯井宽在_B_ cm 以内者不予扣除。

A. 60　B. 50　C. 70　D. 75

168. 地面防潮层工祼量计算与地面面积相同，与墙面连接处高在_C_ cm 以内者按展开面积的工程量并入工程量内。

A. 80　B. 70　C. 50　D. 60

169. 墙身防潮层按图示尺寸以平方米计算工程量。不扣除_D_ m^2 以内孔洞的面积。

A. 0. 6　B. 0. 5　C. 0. 4　D. 0. 3

170. 隔热层，按图尺寸以立方米计算，不扣除柱、附墙垛和<u>A</u> m^2 以内孔洞所占体积。

A. 0. 3　　B. 0. 5　　C. 0. 8　　D. 0. 9

171. 屋面找平层按图示尺寸以平方米计算，但不扣除<u>B</u> m^2 以内的孔洞面积，套用楼地面积相应定额计算。

A. 0. 4　　B. 0. 3　　C. 0. 6　　D. 0. 5

172. 砂浆中砂的用量与砂的含水率有关。当砂的含水率为<u>C</u> %时，$V=1m^3$。

A. 1　　B. 1. 5　　C. 2　　D. 3

173. 墙上的脚手眼、各种管道穿越过的墙洞和楼板洞、剔槽等，应用<u>D</u> 水泥砂浆填嵌密实或砌好。

A. 1∶8　　B. 1∶0. 5　　C. 1∶1　　D. 1∶3

174. 对于混凝土、混凝土梁头、砖墙或加气混凝土墙等基体表面不平处，应剔平或用<u>A</u> 水泥砂浆补平。

A. 1∶3　　B. 1∶4　　C. 1∶5　　D. 1∶8

175. 对于预制混凝土楼板顶棚，在抹灰前应用<u>B</u> 水泥石灰砂浆勾缝。

A. 1∶1∶3　　B. 1∶0. 3∶3　　C. 1∶2∶0. 3　　D. 1∶3∶0. 3

176. 加气混凝土墙表面，因其表面孔隙率大、毛细管为封闭性和半封闭性，阻碍了水分渗透速度，应在抹灰前两天进行浇水，并每天浇两遍以上，使渗水深度达到<u>C</u> mm。

A. 1 ~ 3　　B. 4 ~ 7　　C. 8 ~ 10　　D. 15 ~ 20

177. 抹灰施工中常用的石膏为建筑石膏，若需要缓凝固，则可掺入水重<u>D</u> 的胶或亚硫盐酒精废渣硼砂等。

A. 0. 03% ~0. 05%　　B. 0. 06% ~0. 07%

C. 0. 08% ~0. 09%　　D. 0. 1% ~0. 2%

178. 手工抹底层砂浆时，砂浆的流动性（稠度）应选用<u>A</u> cm。

A. 11 ~ 12　　B. 9 ~ 12　　C. 9 ~ 10　　D. 7 ~ 8

179. 手工抹含石膏的面层砂浆时，砂浆的流动性（稠度）

应选用 B cm。

A. 7 ~ 8　　B. 9 ~ 12　　C. 11 ~ 12　　D. 9 ~ 10

180. 保水性好的砂浆其分层度较少，砂浆的分层度以在 C cm 为宜。

A. 0.6 ~ 0.7　　B. 0.8 ~ 1　　C. 1 ~ 2　　D. 3 ~ 4

181. 麻刀应为细碎麻丝，要求坚韧、干燥、不含杂质，长度不大于 D mm。

A. 60　　B. 50　　C. 40　　D. 30

182. 草秸即将稻草、麦秸切成长度为 A mm 碎段，经石灰水浸泡处理半个月后使用。

A. 50 ~ 60　　B. 60 ~ 70　　C. 70 ~ 80　　D. 80 ~ 90

183. 一般沿竖向和水平方向按 B m 间距在墙上做灰饼，灰饼的外皮应在同一竖向平面内，以控制墙面抹灰的垂直平整度。

A. 1 ~ 1.5　　B. 1.5 ~ 2　　C. 2 ~ 3　　D. 3 ~ 4

184. 护角一般用 1∶2 水泥砂浆做，每侧宽度不少于 C mm，以墙面标志块为依据。

A. 30　　B. 40　　C. 50　　D. 60

185. 在进行水磨石施工前，在室内墙面做好 D cm 标准水平线。

A. 20　　B. 30　　C. 40　　D. 50

186. 美术水磨石镶分隔条，过 A h 进行浇水养护，常温下养护时间不少于 2d。

A. 12　　B. 24　　C. 36　　D. 48

187. 美术水磨石罩面石子浆应高出分格条 B mm。

A. 0.5 ~ 0.9　　B. 1 ~ 2　　C. 3 ~ 4　　D. 5 ~ 6

188. 假面转的施工，带面层砂浆收水后，用铁梳子在罩石板上画纹，深度为 D mm，然后用铁钩子根据面砖的宽度沿靠石板横向划沟，其深度以露出垫层为准，划好后将飞边砂浆扫净。

A. 4　　B. 3　　C. 2　　D. 1

189. 彩色斩假石彩色砂浆抹好后，在常温下养护 A d，当其强度达到 5MPa 时，进行弹线、斩剁。

A. 2 ~ 3　B. 4 ~ 5　C. 6 ~ 7　D. 8 ~ 10

190. 滚涂砂浆配合比一般常用 1∶2 白水泥砂浆或普通水泥、1∶1∶4 水泥石灰砂浆，掺入水泥质量_B_的聚乙烯醇缩甲醛胶等。

A. 1% ~5%　B. 10% ~20%

C. 30% ~40%　D. 50% ~60%

191. 室内贴釉面砖，立面垂直度，用 2m 托线板和尺量检查，允许偏差不应不大于_D_mm。

A. 5　B. 4　C. 3　D. 2

192. 镶贴壁画施工时，必须具备良好的施工条件和适宜的施工温度环境，一般要求施工环境温度不低于_B_℃。

A. 10　B. 15　C. 0　D. 5

193. 水泥体积安定性是指标准稠度水泥浆，在硬化过程中体积变化_C_的性质。

A. 过大　B. 过快　C. 是否均匀　D. 过慢

194. 一般水泥主要物理性质要求，熟料中氧化镁含量不得超过_B_。

A. 2%　B. 5%　C. 7%　D. 10%

195. 大理石饰面板堆放时，应立放，其倾斜度不应大于_A_。

A. 15°　B. 20°　C. 25°　D. 30°

196. 陶瓷锦砖耐碱度指标_B_。

A. 大于 80%　B. 大于 84%　C. 大于 90%　D. 大于 95%

197. 坡屋顶高垮比是 1∶8，那么其坡度是_C_。

A. 15%　B. 20%　C. 25%　D. 30%

198. 密肋梁，井字梁顶棚抹灰，肋内或井内面积超过_C_，梁和顶棚应分别执行相应定额。

A. $3m^2$　B. $4m^2$　C. $5m^2$　D. $6m^2$

199. 水磨石地面开磨，头遍采用粒度为_C_砂轮。

A. 200K240 号　B. 120K180 号

C. 60K80 号　　D. 以上都可以

200. 美术水磨石地面质量标准缝格平直允许偏差<u>B</u>。

A. 1mm　B. 2mm　C. 3mm　D. 4mm

201. 彩色斩假石面层强度应控制在<u>A</u>。

A. 5MPa　B. 12MPa　C. 15MPa　D. 20MPa

202. 彩色斩假石质量标准表面平整允许偏差<u>B</u>。

A. 2mm　B. 3mm　C. 4mm　D. 5mm

203. 饰面板接缝宽度，麻面板、条纹板为<u>C</u>。

A. 1mm　B. 3mm　C. 5mm　D. 10mm

204. 大理石饰面板，安装门窗碹脸时，应按<u>B</u>起拱。

A. 0.5%　B. 1%　C. 2%　D. 3%

205. 大理石饰面的干法安装，按设计尺寸在墙脚、柱边的地面上弹出板材的外边线，板材与基体面间净距为<u>C</u> mm 左右，并在板材端立面上开挂钩槽，钻钢销孔。

A. 10　B. 20　C. 40　D. 50

206. 大理石饰面板室内安装，立面垂直，用 2m 托线板检查，允许偏差不应大于<u>D</u> mm。

A. 5　B. 4　C. 3　D. 2

207. 大理石饰面板安装，接缝宽度，用 5m 小线和尺量检查，允许偏差不应大于<u>A</u> mm。

A. 0.5　B. 1　C. 2　D. 3

208. 浇制阴模时，先将明胶隔水加热到<u>B</u> ℃，使其熔化，调拌均匀，稍凉后进行软模灌注。

A. 10~20　B. 30~70　C. 80~100　D. 110~140

209. 安装花饰采用粘贴法时，在粘贴前，先将基层清理好，抹一道<u>C</u> mm 的水泥砂浆，再在花饰背面稍浸水湿润，涂上水泥砂浆进行粘贴。

A. 0.5　B. 1　C. 2　D. 5

210. 室内花饰安装，单独花饰中心线位置偏差，用纵横拉线和尺量检查，允许偏差不应大于<u>D</u> mm。

A. 39　　B. 29　　C. 19　　D. 10

211. 室外花饰安装，条形花饰的水平和垂直，全长用拉线、尺规和托线板检查，允许偏差不应大于<u>A</u> mm。

A. 6　　B. 7　　C. 8　　D. 9

212. 室内花饰安装，条形花饰的水平和垂直每米用拉线、尺量和托线板检查，允许偏差不应大于<u>B</u> mm。

A. 0. 5　　B. 1　　C. 1. 5　　D. 2

213. 堆塑一般先经放样制作骨架，做堆塑坯或制作模具，经过压、刮、磨等<u>B</u>加工而成。

A. 流程　　B. 步骤　　C. 工序　　D. 方法

214. 雕刻是古建筑中常用的<u>D</u>手法，常用来雕刻梁、柱及方砖。它具有刻画细腻，造型逼真，布局匀称、紧凑、贴切、自然等特点。

A. 表明　　B. 显示　　C. 表示　　D. 表现

215. 彩绘是我国古建筑装饰的一个<u>A</u>组成部分。

A. 重要　　B. 显要　　C. 次要　　D. 构造

216. 堆塑细坯，是用细纸灰按图或实样进行堆塑。堆塑时要一层一层地进行，不得太厚，每层厚度约为<u>B</u> cm 左右，以免干缩开裂。

A. 0. 1 ~ 0. 4　　B. 0. 5 ~ 1　　C. 1. 5 ~ 2　　D. 2. 5 ~ 3

217. 砖雕施工前应首先进行选砖，选砖是砖雕的<u>C</u>，要挑选质地均匀的砖，不能有裂缝、砂眼、掉边、缺角等，可采用钢凿敲打挑选，以声音清脆为佳。

A. 重要步骤　B. 重要内容　C. 关键　D. 重要工序

218. 砖雕在装贴前应浸水到无气泡为止，捞出来晒干。在墙基层上弹线，用油灰（其配合比为细石灰: 桐油: 水 = <u>D</u>）自上而下、从左到右进行装贴。对于双层砖用元宝榫连接。

A. 10: 2. 5: 0. 5　B. 10: 1: 2. 5　C. 10: 2: 0. 5　D. 10: 2. 5: 1

219. 用于砖石墙表面（檐、勒脚、女儿墙以及潮湿房间的墙除外）抹面砂浆可采用石灰砂浆配合比为石灰: 砂 = <u>A</u>。

A. 1∶2 ~ 1∶1.4　　B. 1∶3 ~ 1∶2.4

C. 1∶4 ~ 1∶3.4　　D. 1∶5 ~ 1∶4.4

220. 较高级墙面顶棚抹面，可采用纸筋灰其配合比为纸筋∶石灰膏 = 灰膏 0.1m^3，纸筋为<u>B</u> kg。

A. 0.1　B. 0.36　C. 0.4　D. 0.5

221. 根据墙面的平整度、墙体的材料性质、所用抹灰砂浆的种类及抹灰等级，施工验收规范规定了顶棚、板条、空心砖、现浇混凝土的抹灰平均厚度不得大于<u>A</u> mm。

A. 15　B. 18　C. 20　D. 25

222. 涂抹水泥砂浆，每遍厚度宜为<u>B</u> mm。

A. 1 ~ 3　B. 5 ~ 7　C. 8 ~ 10　D. 12 ~ 15

223. 涂抹石灰砂浆和水泥混合砂浆，每遍厚度宜为<u>C</u> mm。

A. 1 ~ 2　B. 3 ~ 5　C. 7 ~ 9　D. 12 ~ 15

224. 面层抹灰经过赶平、压实后的厚度，麻刀灰浆不得大于<u>D</u> mm。

A. 6　B. 5　C. 4　D. 3

225. 预制混凝土基体抹灰的抹灰层平均厚度不得大于<u>A</u> mm。

A. 18　B. 20　C. 25　D. 28

226. 玻璃纤维丝灰浆，是将玻璃纤维切成<u>B</u> cm 左右的丝段，石灰膏和玻璃丝的质量比为 1000∶(2 ~ 3)，搅拌均匀即成。

A. 4　B. 1　C. 2　D. 3

227. 砂浆的配合比对砂浆的强度等技术性能起<u>C</u>性作用。

A. 一定　B. 重要　C. 决定　D. 主要

228. 室内墙面的底、中层抹灰，采用石灰砂浆，其体积配合比为石灰膏∶黄砂 = 1∶2.5 或石灰膏∶黄砂 = <u>D</u>。

A. 1∶1.5　B. 1∶2　C. 1∶2.5　D. 1∶3

229. 常用装饰抹灰砂浆配合比用于细部抹灰或用于墙、地面制作水磨石、水刷石面层，所用水泥石淹浆体积配合比为水泥∶石粒 = 1∶1.25、水泥∶石粒 = 1∶1.5 或水泥∶石粒 = <u>A</u>。

A. 1∶2　　B. 1∶3　　C. 1∶4　　D. 1∶5

230. 制作墙面水刷石面层，采用水泥玻璃屑浆，其材料体积配合比为水泥∶玻璃屑 = B 。

A. 1∶0.5 ~ 1∶1　　B. 1∶1.5 ~ 1∶2

C. 1∶2.5 ~ 1∶3　　D. 1∶3 ~ 1∶3.5

231. 一般抹灰工程的施工，应该在 C 完成后，并且具备在装饰工程施工后不被后期工序所损坏和沾污的条件下方可进行施工。

A. 安装工程　B. 防水工程　C. 屋面工程　D. 结构工程

232. 做灰饼以内墙为例，在距顶棚 15 ~ 20cm 处和在墙的尽端距阴阳角 D cm 处分别按已确定的抹灰厚度抹上部的灰饼。

A. 30 ~ 35　　B. 25 ~ 30　　C. 20 ~ 25　　D. 15 ~ 20

233. 设置好上部灰饼后，以此为依据用托线板与线坠做垂直方向灰饼，要求离地面 A cm 左右。

A. 20　　B. 30　　C. 40　　D. 50

234. 踢脚线高度一般为 A cm。

A. 15 ~ 20　　B. 25 ~ 30　　C. 35 ~ 40　　D. 45 ~ 50

235. 抹踢脚线面层砂浆时，凸出墙面的部分应为 A mm。

A. 5 ~ 8　　B. 8 ~ 9　　C. 9 ~ 10　　D. 10 ~ 12

236. 内窗台抹灰，立面同内墙面一平，平面比窗框下口低 B mm。

A. 2 ~ 4　　B. 5 ~ 8　　C. 9 ~ 1.2　　D. 13 ~ 15

237. 按规范标准规定时间淋制熟化石灰，用于罩面抹灰的石灰熟化时间不得少于 C d。

A. 20　　B. 10　　C. 30　　D. 25

238. 扯灰线一般分四层做成，头道灰即粘结层，用 D 的配合比水泥石灰砂浆薄抹一层，与基体粘结牢固。

A. 1∶3∶3　　B. 1∶2.5∶2.5　　C. 1∶2∶2　　D. 1∶1∶1

239. 扯石膏灰线，罩面灰用 4∶6 的石灰石膏灰浆，而且要在 A min 内扯完。

A. 7 ~ 10　　B. 11 ~ 14　　C. 15 ~ 18　　D. 19 ~ 21

240. 当踏步设有防滑条时，在罩面过程中，应距踏步口 B cm 处留出防滑条槽，用素水泥浆粘贴宽 2mm、厚 7mm 的梯形木条。

A. 7 ~ 8　　B. 3 ~ 4　　C. 9 ~ 10　　D. 5 ~ 6

241. 当踏步设防滑条时，金刚砂泥浆要高出踏步面 C mm。

A. 7 ~ 8　　B. 9 ~ 10　　C. 3 ~ 4　　D. 5 ~ 6

242. 水磨石面层石子一般按设计要求选用，粒径为 D mm。

A. 14 ~ 20　　B. 11 ~ 13　　C. 9 ~ 10　　D. 4 ~ 8

243. 檐口、雨篷上面采用 1∶3 水泥砂浆由墙根往外做流水坡，墙根部抹成圆弧形，并翻墙上 A cm，以利防水、防渗。

A. 20 ~ 30　　B. 18 ~ 20　　C. 15 ~ 18　　D. 10 ~ 15

244. 挑檐抹灰也可以在底面仅做外口向里 B mm 宽的一条水泥方条，代替滴水槽。

A. 40　　B. 50　　C. 20　　D. 30

245. 外窗台抹灰应先检莅窗台与窗下框距离是否满足 C cm 空距的要求，拉通线找出相邻窗台的统一进出与水平高度，做出标志块。

A. 1 ~ 2　　B. 2 ~ 3　　C. 4 ~ 5　　D. 7 ~ 8

246. 外窗台抹灰，在抹面层时，要先在窗口底面距边口 D cm 处粘贴分格条，以做滴水槽用。

A. 5　　B. 4　　C. 3　　D. 2

247. 室外复杂装饰线角的扯制时，应采用中砂和粒径约为 A mm 的米粒石。

A. 2　　B. 3　　C. 4　　D. 5

248. 柱帽基层复核，将垫层活模上部靠在套板上，下部靠在柱身顶部，对基层逐段校核，必须以套模与基层面保持 B mm 左右的间隙作为抹灰层厚度。

A. 10　　B. 20　　C. 30　　D. 40

249. 扯制水刷石圆柱帽，石子浆面层冲刷干净后第二天起，石子面层应根据气候酌情洒水养护不少于 C d。

A. 6　　B. 4　　C. 7　　D. 5

250. 细砂的细度模数为 B 。

A. $M_x = 1.5 \sim 0.7$　　B. $M_x = 2.2 \sim 1.6$

C. $M_x = 3.0 \sim 2.3$　　D. $M_x = 3.7 \sim 3.1$

251. 质量“三检制”是指 C 。

A. 专检、自检、互检　　B. 专检、自检、预检

C. 自检、互检、交接检　　D. 自检、专检、隐检

252. 在高压线或其他架空线两侧从事起重吊装作业时要确定安全距离，距35kV以上线路距离至少保持 D 。

A. 1.5m　　B. 2m　　C. 3m　　D. 4m

253. 水刷石抹灰，要求石粒露出表面 C ，达到清晰，均匀分布。

A. 1/4粒径　　B. 1/3粒径　　C. 1/2粒径　　D. 3/4粒径

254. 水刷石采用石子，一般要求粒径为 D mm，品种色泽按设计要求选定，也可以做样板选定。

A. 1　　B. 2　　C. 3　　D. 4

255. 水刷石面层嵌缝用1∶1水泥细砂浆嵌缝。要求密实平整，略低于面层 A mm，镶口、阴角应方正。

A. 2 ~ 3　　B. 4 ~ 5　　C. 6 ~ 7　　D. 8 ~ 9

256. 水磨石饰面找平层抹好后要经养护方能抹面层石子浆。养护时间应根据气候情况而定，一般情况下，夏天养护时间为 B d。

A. 0.5　　B. 1　　C. 2　　D. 3

257. 水磨石面层嵌填分格条，对于十字接头处，每根条子均应留出 C mm左右不嵌条。

A. 5 ~ 10　　B. 10 ~ 15　　C. 15 ~ 20　　D. 25 ~ 30

258. 一般抹灰阴阳角方正，用方尺和塞尺检查，普通抹灰要求允许偏差不应大于 D mm。

A. 7　　B. 8　　C. 5　　D. 4

259. 装饰抹灰干粘石，阴、阳角方正，用方尺和塞尺检查，

允许偏差不应大于_A_mm。

A. 4　　B. 5　　C. 6　　D. 7

260. 装饰抹灰假面砖镶贴，分格条（缝）平直度，用拉5m小线，不足5m拉通线和尺量检查，允许偏差不应大于_B_mm。

A. 4　　B. 3　　C. 6　　D. 5

261. 外墙面装饰抹灰，立面总高度 $H \leqslant 10$m 时，允许偏差为_C_mm。

A. 15　　B. 12　　C. 10　　D. 20

262. 外墙面装饰抹灰，立面总高度 $H > 10$m 时，允许偏差为_D_mm。

A. 28　　B. 25　　C. 22　　D. 20

263. 干粘石饰面施工，用粘结层粘结石子，即在找平层上抹粘结层，甩石子于粘结层上，然后用滚子或抹子压平压实，使石子嵌入砂浆中的深度不应少于粒径的_A_。

A. 1/2　　B. 1/3　　C. 1/4　　D. 1/5

264. 斩假石饰面施工，斩剁前在面层上弹顺线，相距约_B_cm，按线操作，以免剁纹混乱。

A. 20　　B. 10　　C. 40　　D. 30

265. 滚涂的配合比可根据各地条件、气候和操作方法的不同而异，常用的配合比为：水泥: 砂: 108胶 = _D_，其中水泥、砂为体积比，108胶为质量比。

A. 1: 0. 1: 1　　B. 1: 0. 3: 1　　C. 1: 0. 2: 1　　D. 1: 1: 0. 2

266. 滚涂施工喷有机桂是为了提高涂层的耐久性，减缓污染变色。一般可在滚拉完后24h喷有机描水溶液，喷浆从表面均匀湿润为原则。注意喷完有机硅_B_h不能受雨淋。

A. 20　　B. 24　　C. 12　　D. 18

267. 滚涂面层的厚度一般为_C_mm，因此要求基层顺直平整，从保证面层取得良好的效果。

A. 0. 5 ~ 1　　B. 1 ~ 2　　C. 2 ~ 3　　D. 5 ~ 8

268. 喷涂饰面施工时，喷底子灰的配合比为：水泥: 砂: 108

胶=1∶1∶0.4，喷涂面层的配合比为：水泥∶砂∶108胶=D。

A. 1∶0.3∶2　B. 1∶0.1∶0.2　C. 1∶0.2∶2　D. 1∶2∶0.2

269. 喷涂饰面施工，其砂浆稠度一般为A cm。

A. 3　B. 15　C. 17　D. 20

270. 喷涂前要搭设双排脚手架或用提升吊篮。要求架子的立竿离墙不少于B cm。

A. 40　B. 50　C. 20　D. 30

271. 喷涂前要搭设双排脚手架或提升吊篮。排木离墙应为C cm，脚手分步宜与饰面的分格齐平，便于操作，减少接槎。

A. 10～15　B. 15～20　C. 20～30　D. 40～50

272. 灰线通常分D灰抹成。

A. 一道　B. 二道　C. 三道　D. 四道

273. 灰线抹灰时第C是出线灰，用1∶2石灰砂浆（砂子过3mm筛）也可稍掺水泥，薄薄抹一层。

A. 一道　B. 二道　C. 三道　D. 四道

274. 灰线抹灰死模操作时先薄薄抹一层A，水泥石灰混合砂浆与混凝土顶棚粘结牢固。

A. 1∶1∶1　B. 1∶2∶3　C. 2∶1∶3　D. 1∶3∶2

275. 抹灰膏灰线时，一般用B石膏灰浆，控制在7～10min用完。

A. 3∶1　B. 6∶4　C. 2∶3　D. 1∶2

276. 多线条灰线，一般是指B以上、凹槽较深、开头不一定相同的灰线。

A. 二条　B. 三条　C. 四条　D. 五条

277. 传统的预制花饰线脚，多用A预制。

A. 石膏　B. 水泥砂浆　C. 混合砂浆　D. 石灰膏

278. 预制花饰石膏线脚，翻模时间一般控制在C min，习惯的方法是用手摸时有热感即可翻模。

A. 2～3　B. 10～15　C. 5～10　D. 1～5

279. 用细纸筋堆塑细坯，应用较稠纸筋灰分层堆起，每层厚度是_B_，超厚容易开裂。

A. 0.2 ~ 0.5cm　　B. 0.5 ~ 1cm

C. 1 ~ 1.2cm　　D. 1.2 ~ 1.5cm

280. 混凝土随捣随抹面层，混凝土坍落度不应大于_A_。

A. 3cm　　B. 3.5cm　　C. 4cm　　D. 5cm

281. 普通黏土砖铺砌在水泥砂浆结合层上，水泥砂浆结合层厚度应为_B_。

A. 5 ~ 10mm　B. 10 ~ 15mm　C. 15 ~ 20mm　D. 20 ~ 25mm

282. 栏板（栏杆）和扶手是阶梯的维护结构，是起保护行人行走安全的作用。栏板和扶手的高度为_D_mm左右。

A. 500　　B. 700　　C. 800　　D. 900

283. 平屋顶是坡度在_A_%以下的屋顶。

A. 5　　B. 10　　C. 12　　D. 25

284. 细石混凝土防水屋顶是由钢筋混凝土结构作底层，上浇筑_B_mm厚C20密实性细石混凝土，随打随抹。

A. 20　　B. 40　　C. 60　　D. 80

285. 砌块建筑构造，砌筑时应留灰缝，一般应为_C_mm宽，以利灌浆捣实、防渗、保温、隔声和提高刚度。

A. 5　　B. 10　　C. 20　　D. 40

286. 石膏的技术性能，通常在加水_D_min开始凝结。

A. 0.5 ~ 1　　B. 1 ~ 2　　C. 2 ~ 3　　D. 3 ~ 5

287. 石灰中氧化镁含量在_A_%以下为钙质石灰。

A. 5　　B. 6　　C. 7　　D. 8

288. 室外抹灰使用金属挂架时，应在一层建筑物外侧周围设_A_m安全网。

A. 6　　B. 7　　C. 8　　D. 9

289. 抹灰施工时，上料应先检查脚手架搭设和跳板的铺设。推车运料一律单行，严禁倒拉车，严禁并行超车，坡道行车前后距离不小于_B_m。

A. 9　　B. 10　　C. 7　　D. 8

290. 向脚手架上运料时，多立杆式外脚手架。每平方米不得超过 C kg。

A. 280　　B. 350　　C. 270　　D. 300

291. 在室内使用内脚手架抹灰时，必须搭设平稳牢固。脚手板跨度不得超过 D m，严禁操作人员集中站在一块脚手板上操作。

A. 5　　B. 4　　C. 3　　D. 2

292. 在室内 A m 以上顶棚抹灰时，应有架子工搭设满堂脚手架，满铺脚手板。

A. 4　　B. 3　　C. 2　　D. 1

293. 现场架空线与施工建筑物水平距离不得少于 B m。

A. 9　　B. 10　　C. 7　　D. 8

294. 工棚内的灯具、电线都应采取妥善的绝缘保护，灯具与易燃物一般应保持 C cm 间距，工棚内不准使用碘钨灯照明。

A. 15　　B. 20　　C. 30　　D. 25

295. 为了保证抹灰层粘结牢固，控制好 D ，防止抹灰层起壳、开裂，确保抹灰质量，应分层操作。通常把抹灰分为底层、中层和面层三部分。

A. 水平度　　B. 完整性　　C. 整齐性　　D. 平整度

296. D 是指保证建筑工程的使用功能。

A. 可靠性　　B. 经济性　　C. 安全性　　D. 适用性

297. 彩砂涂料施工一般 A 成活。

A. 一遍　　B. 二遍　　C. 三遍　　D. 四遍

298. 工作质量优劣主要反映企业 C 。

A. 工人操作水平　　B. 产品质量

C. 管理水平　　D. 领导水平

299. 全面质量管理的 C 是提高人的素质和调动人的积极性，让全体员工共同参与，以工作质量来保证和提高产品质量或服务质量。

A. 方法　　B. 目的　　C. 核心　　D. 内容

300. 凡施工作业高度在_D_m以上时，均要采取有效的防护措施。

A. 1.5　　B. 1.6　　C. 1.8　　D. 2

3.3 简答题

1. 综合看图要注意些什么问题？

答：(1) 查看建筑尺寸和结构尺寸有无矛盾之处。

(2) 建筑标高和结构标高之差，是否符合应增加的装饰厚度。

(3) 建筑图上的一些构造，在做结构时是否有要求。

(4) 在结构施工时，应考虑建筑安装时尺寸上的放大或缩小。这些图上是没有具体标志的，要预先考虑好。

(5) 砌砖结构，尤其清水砖墙，在结构施工图上的标高应尽量能结合砖的皮数尺寸，施工中把两者结合起来。

2. 建筑总平面图的识读顺序和内容是什么？

答：建筑总平面图的识读顺序和内容如下：

(1) 了解工程的名称、图样比例和设计说明；

(2) 了解建筑区和工程的平面位置、规定设计和施工中不能超越的建筑红线；

(3) 了解建筑物所在地的地形及室内外地面标高；

(4) 了解建筑物的平面组合形式及层数；

(5) 了解新建筑物室外附属设施情况。

3. 什么叫建筑施工图？

答：建筑施工图纸是在建造房屋时使用的蓝色图纸，俗称蓝图。它是在建筑工程上用的一种能够十分准确地表达出建筑物的外形轮廓、大小尺寸、结构构造和材料做法的图样。

4. 门、窗的主要功能是什么？

答：门和窗是建筑物的重要组成部分，一方面有分隔、保温、隔声、防水及防火要求；另一方面，窗主要功能是采光通风以及眺望，门的主要功能是用作交通，有时也兼作通风采光之用。

5. 施工任务书有哪些主要内容?

答：(1) 工程项目、数量、劳动定额，计算工数，开竣工日期，质量及安全要求。

(2) 小组记工单（考勤记录）。

(3) 限额领料卡（领料凭证，核算记录）。

6. 楼梯平面图的识读要点有哪些?

答：楼梯平面图是采用略高出地和楼面处，并在窗口处作水平剖切向下投影而成的投影图，其识读要点如下：

(1) 了解楼梯或楼梯间在建筑物中的轴线和平面布置；

(2) 了解楼梯间、斜梯段、休息平台及楼梯井的平面形式和构造尺寸，楼梯踏步数和踏步宽度；

(3) 了解楼梯间处的墙体门窗、柱的平面布置和宽度尺寸；

(4) 了解楼梯间是否有夹层或楼下小间等设施布置；

(5) 了解楼梯间内各种管道、留孔槽等平面布置。

7. 门窗详图的识读要点有哪些?

答：门窗详图的识读要点如下：

(1) 了解门窗的立面形状、外形尺寸和节点剖面等；

(2) 了解门窗的各部尺寸和开启形式；

(3) 了解门窗节点与墙体的连接方式和相对位置；

(4) 了解门窗详图的设计说明。

8. 看民用建筑基础图时应记住哪些内容?

答：看民用建筑基础图时，除应弄清基础图的说明中有关砖、砂浆、混凝土的强度等级要求和施工要求外，还须记住以下内容：

(1) 基础的类型、编号及长宽尺寸。

(2) 基础底面标高，上放脚宽台及退台情况，基础墙的厚度等。

(3) 基础垫层的宽度和厚度、使用的材料及要求。

（4）基础梁的标高、宽度、配筋及材料要求。

（5）防潮层的标高、宽度、配筋及材料要求。

（6）对于钢筋混凝土柱基，除弄清其构件尺寸、垫层厚度及材料要求外，还须弄清柱的配筋规格、数量及预留搭接长度。

9. 看施工图步骤有哪些？

答：看图是一项细致的工作，看图的过程就是熟悉和研究图纸的过程。搞清楚建筑物的形状、尺寸和材料，以便按图施工。

不论看任何图，首先要弄清施工图项目，它包括有施工总说明、图纸目录及标准图目录、门窗类做法等。

其次掌握定位轴线，因为定位轴线给柱或墙编了号。

10. 根据石灰中氧化镁含量的多少可以将石灰分为分哪两种？

答：根据石灰中氧化镁含量的多少可分为以下两种：

1）钙质石灰，石灰中氧化镁含量在5%以下；

2）镁质石灰，石灰中氧化镁含量在5%以上。

11. 抹灰施工中对常用的纤维材料有什么质量要求？

答：抹灰施工中常用的纤维材料的质量要求如下：

（1）麻刀应为细碎麻丝，要求坚韧、干燥、不含杂质，长度不大于30mm。

（2）纸筋即粗草纸，有干纸筋、湿纸筋两种。

（3）草秸即将稻草、麦秸切成长度为50～60mm碎段，经石灰水浸泡处理半个月后使用。

12. 石灰的硬化要经过哪两个过程？

答：石灰的硬化，是指石灰熟化后，与空气接触，逐渐失去水分，进入硬化阶段。石灰的硬化是两个过程同时进行的。

（1）其一，暴露在空气中的表面灰层与空气中的二氧化碳化合后，还原成碳酸钙，释放出水分并蒸发掉，这个过程称为石灰的碳化过程。

（2）其二，内部灰层因表面碳化成坚硬的碳酸钙外壳，阻止空气深入，仅能依靠游离水的蒸发析出氢氧化钙结晶来获得强度，这个过程称为石灰的结晶过程。故石灰浆体硬化后，是由碳酸钙和氢氧化钙两种不同结晶体组成。

13. 水泥的主要性能指标有哪些？

答：水泥的主要性能指标有以下七条：

（1）密度和表观密度；（2）细度；（3）标准调度需水量；（4）凝结时间；（5）安定性；（6）强度；（7）水热化

14. 水泥的质量要求是什么？

答：水泥的质量要求，我国根据ISO国际标准及美国、日本、欧洲等发达国家的标准把水泥质量水平划分为以下三个等级：

（1）优等品产品标准必须达到国际先进水平，且水泥实物质量与国外同类产品相比达到近5年的水平。

（2）一等品产品标准必须达到国际一般水平，且水泥实物质量达到国外同类产品的一般水平。

（3）合格品按我国现行水泥产品标准组织生产，水泥实物质量水平必须达到上述相应标准要求。

水泥的质量除了上述等级和标准之外，还应对水泥的耐久性、耐腐蚀性能有一定的要求。

15. 花岗石饰面板根据用途、加工方法及加工程序的不同可分为哪四种？

答：花岗石饰面板根据用途、加工方法及加工程序的不同可分为以下四种：

（1）剁斧板表面粗糙，具有规则条状斧纹；

（2）机刨板表面平整，具有相互平行的刨纹；

（3）粗磨板表面光滑、无光；

（4）磨光板表面光亮、色泽鲜明、晶体裸露。

16. 抹灰施工中常用的有哪些机械？

答：抹灰施工中常用机械有以下几种：（1）砂浆搅拌机；

(2) 混凝土搅拌机；(3) 纸筋灰轧磨机；(4) 地面压光机；(5) 磨石机；(6) 喷浆机；(7) 弹涂机；(8) 滚涂机；(9) 手电钻和无齿锯。

17. 抹灰施工时使用木制工具有哪些？其作用是什么？

答：抹灰施工时使用木制工具主要有以下几种：

(1) 托灰板主要用于承托砂浆。

(2) 木杠主要用于做标筋和刮平墙、地面的抹灰层。

(3) 靠尺板八字靠尺用于做棱角，方尺用于测量明阳角的方正。

(4) 托线板用于靠吊垂直。

(5) 分格条用于墙面分格，做滴水槽。

18. 砂浆的流动性如何进行测定？

答：砂浆的流动性用砂浆稠度测定仪来测定，测定时，以标准圆锥体在砂浆中沉入深度的屈米数来表示。在施工现场，可用简易沉锥进行测定，即将标准沉锥体的尖端直接与砂浆表面接触，然后放手让沉锥自由落入砂浆中，静止后取出锥体，用尺量出沉入的垂直深度（以 cm 计）即为该砂浆的稠度。

19. 装饰抹灰工程的项目有哪些？

答：装饰抹灰工程的项目有：水刷石、水磨石、干粘石，斩假石、假面砖、拉条灰、拉毛灰、喷砂、喷涂、弹涂、滚涂、仿石和彩色抹灰等。

20. 小面积工程量的计算规则是什么？

答：对于弧形梁、墙的弧形部分按实贴面积以平方米计算；对于装饰线以阳角凸出为准，按延长米计算；对于拉毛按实抹面积以平方米计算；对于采光井、花池、花台、垃圾箱、挡板、厕浴隔断等小部零星抹灰，均按展开面积以平方米计算。

21. 一般抹灰工程施工顺序有哪些？

答：抹灰工程分为室内抹灰和室外抹灰。

室外抹灰工程一般是由上而下进行。室内抹灰工程是由上而下或由下而上。室内抹灰由上而下，指主体结构已完成，屋面防水层已完成，便于保证抹灰工程质量，有利组织施工，保证安全。

室内抹灰由下而上，有利于工期，但要组织协调好。室内同一层施工一般先做地面，再做顶棚，后做墙面。

室内、外施工顺序根据施工条件确定，一般先室外、后室内。

22. 抹灰工程内装饰的作用是什么?

答：抹灰工程内装饰的作用有三：即保证室内的使用要求、装饰要求和保护墙体。建筑物的内装饰使室内墙面平整、光滑、清洁、美观，同时能改善采光，为人们在室内工作、生活创造舒适的环境，并具有保温、隔热、防潮、隔声的功能，改善居住和工作条件。

23. 抹灰工程外装饰的作用是什么?

答：建筑物外装饰的作用有二：一是保护墙体，二是装饰建筑立面。

外墙是建筑物的重要组成部分，不仅需要具存一定的耐久性，而且有的还要承担结构载荷和具有保护结构的功能，以达到挡风遮雨、保温、隔热、隔声、防火之目的。同时还能够提高主体结构的耐久性，延长房屋的使用寿命，使建筑美观、舒适。

24. 装饰工程施工的基本条件是什么?

答：装饰工程施工一般应在屋面工程完成后，具备以装饰工程施工后不至于被后期工序所损坏和玷污的条件为前提来进行。装饰工程的基本条件要求在施工前应对结构或基层表面进行全面的质量检查，要求将全部门窗框、阳台栏杆、落水管的卡子等安装完毕，然后根据施工顺序进行施工。

25. 抹灰工程技术交底有哪些内容?

答：（1）交生产计划：施工任务工程量，进度要求。

（2）交定额。

（3）交措施和操作要点：质量关键，要按国家施工规范和工艺标准。

(4) 交安全生产：针对项目特点，提出采取安全措施，防止发生安全事故。

(5) 交制度：现场管理制度，质量验收制度，样板制度等。

26. 古建筑的装饰包括哪些？

答：古建筑装饰技术是以画、雕、塑为主，以及地面铺砌墁地。这些是抹灰工应掌握的古建筑的装饰和修复技术。

古建筑装饰做法多在楼阁亭台上以花卉、树木、飞禽走兽和各种历史人物，以及神话传说为题材，配以形形色色的花纹镶边装饰于结构的各部位，形成了具有我国浓厚的传统民族风格，并且体现了我国人民独特的操作技能。

根据古建筑装饰的施工方法及所用材料的不同，大致分为三种：彩画、堆塑和砖雕。彩画是我国古建筑装饰的一个重要部分，“雕梁画栋”就是在檐下及室内的梁、枋、斗栱、天花及柱头、墙面上绘画各种图案。但这些操作技能目前属于油漆工的技术范围。

27. 古建筑墙面修缮有哪些施工要点？

答：(1) 修缮一定要注意保持原有建筑风格。

(2) 古建筑檐墙、院墙糙砌时，表面多抹灰保护。宫廷、庙宇多抹红灰，住宅多抹石灰或青灰。灰皮常受风吹雨淋，易裂缝、脱落，经常需补抹或全部铲除重抹。

(3) 补抹、重抹时，应先将旧灰皮铲除干净。墙面用水淋湿然后按原做法分层抹刷，赶压坚实。

28. 安装花饰的一般要求是什么？

答：安装花饰的一般要求如下：

(1) 花饰必须达到一定强度时方可进行安装，安装前要求把花饰安装部位的基层清理干净、平整、无凹凸现象。

(2) 安装前，按设计要求在安装部位上弹出花饰位置中心线。

(3) 安装时，应与预埋的锚固件连接牢固。

（4）对于复杂分块花饰的安装，必须在安装前进行试拼，并分块编号。

29. 花饰安装的检验项目有哪些内容？怎样检查？

答：花饰安装的检验项目用观察检查的方法检查表面质量，花饰表面和安装花饰的基层干净时，则安装表面质量为合格，花饰表面和安装花饰的基层洁净，接缝严密吻合时，安装表面质量为优良。

30. 花饰安装螺栓固定法施工要点？

答：（1）安装花饰时，要将预留孔对准基层预埋螺栓，对于花饰基层表面的缝隙尺寸用螺母及垫块来固定，并用临时支撑撑牢。当遇到螺栓与预留孔位置对不上时，要采取另绑钢筋或焊接的措施来补救。

（2）将花饰临时固定后，把花饰与墙面之间的缝隙两侧和底面，用石膏堵牢，然后用1:2水泥砂浆分层灌注。

（3）待水泥砂浆有足够强度时，拆除临时支撑，清理四周石膏，用1:1水泥砂浆修补整齐。

31. 预制花饰的制作和安装的工艺流程如何？

答：预制花饰的制作和安装的工艺流程为：首先制作阳模（花饰模型），如需制作假结构，应同时进行，照阳模翻制阴模（即模腔），根据阴模翻浇花饰成品，然后安装花饰。

32. 安装石膏花饰有哪些注意事项？

答：（1）花饰弯曲变形时，用水浸湿后，放在原来的底板上，使其逐渐恢复形状。

（2）在花饰上钻眼时方向应垂直，不可歪斜，不要用力过大、过急。

（3）花饰安装后，螺栓孔用白水泥样油填嵌，高度比花饰稍底，再用石膏补平。

33. 为什么要做假结构？

答：花饰工艺的艺术性要求较高，在做花饰正式模型之前，宜先做试样，并将试样安放在花饰所在高度和部位，实际观察其形式及各部分尺度是否合适，而花饰的预制往往是与房屋结构施工同时进行，为了满足花饰试样的需要，就要将花饰所在部位的房屋结构，按图放出足尺大样，用料钉制一段与结构形状尺寸完全相同的木架，并在其表面抹灰，这样的结构称之为假结构，不做假结构，花饰的试样就无法观察出艺术效果。

34. 怎样抹带有线角的方柱？

答：抹带有线角的方柱有两种方法：

（1）传统工艺。按设计要求，放出平面大样，然后再找柱的规矩，根据实际情况，使所有带线角的方柱尺寸一致，最后按照大样尺寸制作引条。引条要用水浸泡，抹时将凹处所需的厚度抹好，再粘贴引条，然后将灰抹入两引条间，待终凝后取出条子，一手用刷子带水，一手用小抹子进行修正。

（2）活模工艺。活模工艺同做灰线的活模一样。将该花饰放大样，用木模刻出形状后，外口钉上薄钢板。操作时，方柱一边的两端各用水泥浆窝好引条，用抹子将一面的灰填满填平，然后用活模由下往上推，手要端稳端平，基本成形后，可将活模作上下推拉。

35. 怎样抹带有线角的圆柱？

答：抹带有线角的圆柱方法基本同方柱，也是采用传统的工艺或活模工艺。不论采用哪种方法，圆柱的直径要上下一致，用活模时，可根据圆柱的直径大小，技术熟练程度，将活模按1/4 圆或1/2 圆进行制作。

36. 镶贴釉面砖的粘结层有哪几种做法？

答：釉面砖又称瓷砖，粘结层有两种做法。

第一种用1∶0.3∶3（水泥∶石灰膏∶砂）（体积比），混合砂浆做粘结层。

第二种用10∶0.5∶2.5（水泥∶108 胶∶水）（质量比），108 胶水泥浆做粘结层。

37. 镶贴釉面砖前要做哪些准备工作？

答：镶贴前要找好规矩，用水平尺找平，校核方正，算好纵横皮数和镶贴块数，画出皮数杆，定出水平标准，进行预排，在有脸盆、镜箱的墙面，应按脸盆下水管部分分中，往两边排砖。肥皂盆的位置可按预定尺寸和砖数排砖。

挑选规格、颜色一致的釉面砖，使用前将挑选好的釉面砖，放在清水中浸泡2~3h后，阴干备用。抹完底子灰，养护1~2d。

38. 镶贴釉面砖时需注意哪些问题？

答：如用阴阳三角镶边时，应将镶边位置预先分配好。在分尺寸、画皮数时还应注意，在同一墙面上，不得有一排以上的非整砖，并须将非整砖分在次要部位或墙的阴角处。

在门洞口或拐角处，有阳三角条镶边时，应将其尺寸留出，铺贴一侧的墙面釉面砖，用托线板校正靠直。

当釉面砖低于标志块时应取下釉面砖，重新抹满灰再铺贴，不得在砖口处塞灰，否则会产生空鼓。

铺贴时随时注意与相邻釉面砖的平整，以及两个方向的平整。当釉面砖的规格尺寸或几何形状不等时，应随时调整灰缝，使缝的宽窄一致。

39. 铺贴釉面砖的质量验收标准，基本项目要求是什么？

答：铺贴釉面砖的质量验收标准，基本项目要求如下：

（1）表面平整、洁净，颜色一致，无变色、起碱污痕和显著的光泽受损处，无空敲现象。

（2）接缝填嵌密实、平直、宽窄一致、颜色一致，阴阳角处的砖压向正确，非整砖的使用部位事宜。

（3）在进行凸出物周围板块的套割时，应注意用整砖套割吻合边缘整齐，墙裙、贴脸等上口平顺，凸出墙面的厚度一致。

40. 镶贴陶瓷锦砖前要做哪些准备工作？

答：陶瓷锦砖又叫马赛克，镶贴前要做好如下准备工作：中层抹灰1∶3砂浆，要求表面平整而粗糙，铺贴前洒水湿润。按陶瓷锦砖的规格及墙面高度弹若干水平线，使两线之间保持整块数。如有分格条时，按墙总高均分或根据设计要求与陶瓷锦砖的规格定出缝的宽度，再加工米厘条。

41. 如何进行大理石地面干法施工？

答：(1) 施工准备：地面清理、湿润。

(2) 按设计要求弹出标高线，同时弹出边线和十字控制线。

(3) 块材规格、品种挑选。

(4) 材料选用强度等级 32.5 以上普通水泥，砂用中、粗砂。

(5) 试排符合要求以后，开始铺设板块。

(6) 灌缝：先用水泥浆灌至 1/3 高度，然后用同色水泥石膏浆。

(7) 养护：用胶合布或帆布覆盖，并在到达强度要求后才可上人。

42. 镶贴大理石要做哪些准备工作？

答：(1) 挑选大理石，并进行试拼。按设计要求检查颜色、尺寸、边棱是否整齐、方正。把选好的大理石放在平地或工作台上，进行试拼装。

(2) 检查绑扎钢筋骨架是否和预埋铁件连结牢固、间距是否和板材尺寸相符。划好水平和垂直控制线。

(3) 准备好夹具或其他连接材料。

43. 怎样控制大理石贴面的平整度和垂直度？

答：大理石饰面近年来用得较多，镶贴大理石一定要控制好它的平整度和垂直度，应做到以下几点：

(1) 检查大理石板材的平整度、翘曲、变形等，超过允许偏差的板材应剔除。

(2) 底子灰应按规矩操作，控制好平整度和垂直度，钢筋骨架固定时也要检查变形范围，不使超过贴面板与底子灰的孔隙。

(3) 铺贴后就用靠尺检查，达到要求才能用木材架将贴面板临时固定。由下往上贴时，每块贴面都要用托线板检查。

44. 大理石地面干法施工，怎样铺设大理石？

答：大理石地面干法施工时，铺设大理石。一般铺设顺序是先里后外，即先从远离门口的一边开始依次铺设。铺设时先将基层洒水润湿，摊铺1∶2.5的干拌水泥砂，试摆大理石板块，压实砂灰层。然后用木槌敲击板块顶面使其平实，再将板块重新掀起，在压实的水泥砂层面上浇1∶10的水泥浆，浆量以在压实的水泥砂层面上的水不外溢为度。待水泥浆被砂灰层吸收后，再正式将板块铺设好，注意要确保板块四角同时下落。然后用锤反复敲击板块使其平实，同时用角尺、水平尺检查接缝及边角的平整。

45. 大理石地面空鼓的原因是什么？

答：大理石地面空鼓的原因如下：

（1）基层清理不干净，浇水湿润不透，垫层与基层结合不牢。

（2）垫层为干拌水泥砂时，垫层面上浇浆不足、不均，造成垫层与饰面板间的结合不好而产生空鼓。

（3）垫层为干硬性水泥砂浆时，一次铺得太厚，砸不密实也容易产生空鼓。

（4）板块背面没有洗刷，浮灰没有清除干净所致。

（5）操作时锤击不当，板块铺贴不平所致。

（6）铺贴后遇干燥气候，垫层未充分水化，或过早地在板块上行走，也会引起空鼓。

46. 大理石地面质量评定验收标准，保证项目内容是什么？

答：大理石地面质量评定验收标准，保证项目内容如下：

（1）饰面板的品种、规格、颜色和图案必须符合设计要求。检查方法：观察检查。

（2）饰面板的安装必须牢固，以水泥为主要粘结材料时，严禁空鼓，无歪斜、缺楞、掉角、裂缝等缺陷。检查方法：观察检查和用小锤轻击检进。

47. 饰面安装如何进行嵌缝？

答：饰面板安装后应及时嵌缝。灌浆后应加强养护，防止暴晒，待砂浆有足够强度后即可拆除支撑，此时可调制与板材颜色相近的水泥浆嵌缝。

（1）室内安装光面和镜面的饰面板，其接缝应干接，接缝处应用与饰面相同颜色的水泥浆填抹。

（2）室外安装充面、镜面的饰面板接缝可在水平缝中垫铝条，垫铝条时应将压出部分铲除至饰面板，表面齐平，干接缝应用油腻子填抹，粗磨面、麻面、条纹面、天然饰面板的接缝、勾缝应用水泥砂浆。

48. 控制材料质量的措施有哪几方面？

答：（1）必须按设计要求选用材料。

（2）所用材料的质量必须符合现行有关材料标准规定。

（3）对进场材料加强验收，发现情况，查明原因，对材料质量、性能有怀疑质量问题时，应抽样检验。

（4）做好材料管理工作，合理堆放，限额发放，避免损失，在运输和保管、施工过程中防止损坏。

49. 雨期抹灰施工时应注意哪些？

答：抹灰施工时，要先把屋面防水层做完后，再进行室内抹灰，在室外抹灰时，要掌握好当天或近几日气象信息，有计划地进行各部的涂抹。在局部涂抹后，如在未凝固前有降雨时，要进行遮盖防雨，以免被雨水冲刷而破坏抹灰层的平整和强度。在雨期施工时，基层的浇水湿润，要掌握适度，该浇水的要浇水，浇水量要依据具体情况而决定，不该浇水的一定不能浇水，而且对某局部被雨水淋透之处要阴干后才能在其上涂抹砂浆，以免造成滑坠和鼓裂、脱皮等现象。要把整个雨期的施工，做一整体计划，采用相应的若干措施，做到在保证质量的前提下，进行稳步生产。

50. 冬期施工作业时，应注意哪些安全问题？

答：（1）应做好“五防”（即防火、防寒、防煤气中毒、防滑和防爆）。

（2）施工现场应设有采暖休息室，冬期施工搭设脚手架应加设扫地杆。

（3）大雪后必须将架子上的积雪清扫干净，并检查马道平台，如发现有松动下沉变形等，必须及时处理。

（4）施工时，接触汽源、热水，要防止灼伤，如使用抗冻剂要按操作规程办事，防止腐蚀皮肤。

（5）现场有火源，加强防火工作。

51. 以什么标准判断抹灰工程进入冬期施工？

答：当预计连续10d内的平均气温低于5℃或当日最低气温低于-3℃时，抹灰工程应按到冬期施工采取相应的技术措施，以保证工程质量。

52. 冬期施工应做好哪些组织准备？

答：冬期施工主要做好以下三点：

（1）制定冬期施工方案和保证冬期施工的措施。

（2）组织有关人员学习冬期施工措施，并向班组交底。

（3）建立岗位责任制，掺盐、测温、保暖、生火都要有专人负责，同时每天要记录室外最高、最低温度。

53. 冬期施工的热源准备工作包括哪些？

答：（1）热源准备应根据工程量的大小、施工方法及现场条件来定。一般室内抹灰应采用热作法，有条件的可使用正式工程的采暖设施，条件不具备时，可设带烟囱的火炉。

（2）抹灰量较大的工程，可用立式锅炉烧蒸汽或热水，用蒸汽加热砂子、用热水搅拌砂浆。抹灰量较小的工程，可砌筑临时炉灶烧热水，砌筑火炉加热砂子或用铁板炒砂子。

（3）砂浆搅拌机和纸筋灰搅拌机应设在采暖保温的棚内。

54. 冬期施工应做哪些保温工作？

答：（1）室内抹灰以前，外门、窗玻璃应全部安装好（双层门、窗，可先安装一层），门窗缝隙和脚手眼等孔洞要全部堵严。

（2）进入室内的过道门口，垂直运输门式架、井架等上料洞口要挂上用草帘或麻袋等制成的厚实的防风门帘，并应设置风挡。

（3）现场供水管应埋设在冰冻线以下，立管露出地面的要采取防冻保温措施。

（4）淋石灰池、纸筋灰池要搭设暖棚，向阳面留出入口，但要挂保温门帘。砂子要尽量堆高并加以覆盖。

55. 各种抹灰防冻剂的作用主要表现在哪三个方面？

答：各种防冻剂的作用有以下三点：

（1）降低用水量，减少可冻水，减少冻胀力。

（2）改变结晶物结构，使砂浆密实。砂浆防冻剂中的某些化学物质能与水泥、白灰等胶凝材料的氧化作用生成胶体，这种胶溶液不但冻点低，而且它一旦结冰后晶体发生畸变，纤细而无力。胶休能较快固化，堵塞孔结构，增加密实性。

（3）改善孔结构，阻止冻结过程中水分的转移，防冻剂中引起组分可起这种作用。

56. 什么叫热作法抹灰施工？

答：热作法抹灰施工是使用加热砂浆涂抹抹灰层后，利用房间的永久性热源或临时性热源来保持操作环境的温度，使抹灰砂浆正常地硬化和凝结。一般在建筑物封闭之后室内开始采暖，并需要保持到抹灰层干燥为止。

57. 冬期施工安全操作应注意哪些事项？

答：冬期施工安全操作应注意以下事项：

（1）无论是在搅拌砂浆还是操作时，要避免灰浆溅入眼内，弄伤眼睛。

（2）在使用有毒物品和酸类溶液时，要穿戴好防护衣和防护面具。

（3）临时用的移动照明灯必须用低电压，机电设备应固定由经过培训的专业人员持证上岗，非操作人员严禁操作使用。

（4）多工种立体交叉作业时应设有防护设施，一切进入施工现场的人员必须戴好安全帽，高处作业系好安全带。

（5）冬期施工期间，室内热作业时应防止煤气中毒，热源周围严格防火。

（6）使用电钻、无齿锯时，要注意操作方法，戴好防护用品，防止碎片飞溅伤人。

58. 怎样作冷作法水刷石施工？

答：冷作法水刷石施工，除和一般抹灰冷作法施工相同外，可另加水泥质量20%的108胶。抹灰操作时，先在清理好的基层上薄刮一遍氯化钠（氯化钙）水泥稀浆，再抹底层灰砂浆。待底层灰具有一定的硬度后抹面层石粒架。面层石粒浆抹上后要比常温下施工多压一遍，要使石粒的大面朝外。稍干后，再用毛刷子蘸热盐水轻刷，再用喷雾器喷热盐水冲洗干净。

59. 冷做法施工如何做干粘石？有哪些要求？

答：采用冷作法进行干粘石施工，可以在粘结砂浆中掺入聚乙烯醇甲醛胶，其配合比（质量比）为水泥∶砂子∶聚乙烯醇缩甲醛胶=1∶1～1.5∶(0.05～0.15)。为了提高其抗冻性和防止析白，还可以加入水泥重量2%的氯化钙和0.3%的木质素磺酸钙。

60. 冷做法施工如何做水刷石？有哪些要求？

答：一种方法是掺氯化钠，另一种方法是掺水泥重量2%的氯化钙，另外加20%聚乙烯醇缩甲醛胶。底层厚度控制在10～12mm。面层做得薄一点。操作时，基层上先刮1∶1氯化钠水泥稀浆，再抹底层砂浆。面层石粒浆抹灰后应比常温施工多压一遍，注意石子大面朝外，稍干后再用热盐水喷洗干净。

61. 大理石（花岗石）墙面干法施工与湿法施工有哪些区？

答：主要区别在于板块与结构体间的结合方法不同，干法施工取消了湿法施工中的砂浆灌浆工序，采用板材左右或上下行间用钢筋连接，板材与结构体间用不锈钢或镀锌角铁筋拉紧，省掉了湿法施工中卡箍夹具，也避免了因灌浆而导致的板材错位变形和间歇周期。同时拆改、翻修方便，更避免了湿法施工石材面层泛花的质量问题。

62. 大理石饰面板安装的质量保证项目有哪些？

答：（1）饰面板（大理石等）材料品种、规格、颜色、图案，必须符合设计要求和标准规定。

（2）饰面板安装必须牢固，无歪斜、缺楞掉角和裂缝等缺陷。

63. 大理石饰面发生裂缝的主要原因有哪些？

答：（1）除了大理石的色纹、暗缝或其他隐伤等缺陷以及凿洞开槽不当损失外，在受到结构沉降压缩变形外力后，由于应力集中，外力超过块材软弱处的强度时，就会导致大理石墙面开裂。

（2）大理石安装在外墙面或紧贴厨房、厕浴等潮汽较大的房间时，安装时粗糙、板缝灌浆不严，侵蚀气体和空气投入板缝，使预埋铁件等遭到锈蚀，产生膨胀，给大理石板一种向外的推力。

（3）大理石板安装在墙面、柱面上时，上下缝隙留得较小，在结构受压变形时使大理石饰面受到垂直方向的压力，也会产生裂缝。

64. 大理石饰面板开裂主要原因是什么？

答：（1）大理石色纹、暗缝或其他隐伤等缺陷以及凿洞开槽不当损伤。另外在结构沉降变形压力，使局部板面开裂。

（2）厕所、浴室、潮汽较大房间，安装粗糙，板缝灌浆不多使预埋件锈蚀，产生膨胀，产生向外推力。

（3）墙、柱面，上下板缝较小，结构变形时，受到垂直压应力。

65. 碎拼大理石的质量要求是什么？

答：碎拼大理石的质量要求如下：

（1）碎拼大理石块料的镶贴要牢固，不得有空鼓、脱落等质量问题。

（2）块料表面颜色搭配应协调，不得有通缝，缝宽为5～20mm。

（3）若有镶边时，要选贴镶边并且要镶边对称，其颜色与中间部位要衬托。

（4）碎拼大理石墙面镶贴前两端要挂好垂直线，镶贴时挂好水平线，以保证其垂直和平整度。

66. 水磨石施工如何进行磨石子？

答：水磨石施工磨石子。水磨石养护后，要用磨石机磨充分。在开磨前要首先试磨，以不掉石子为标准。

第一遍用粗金刚石（60~80号）打磨。边洒水边磨，要磨透，使嵌条全部露出，石子显露均匀。磨完后用水冲洗干净，稍干后，用预拌同颜色水泥浆在面层上涂擦一遍，填补细孔砂眼。第二遍、第三遍要采用100~240号金刚石打磨，方法同第一遍，最后，表面用草酸清洗干净，晾干后打蜡磨光。

67. 现制水麽石常见质量通病有哪些？

答：现制水磨石常见质量通病有如下几点：

（1）表面色泽不一致；

（2）表面石子显露不均匀；

（3）表面不平整；

（4）分格条四角空鼓；

（5）出现漏磨；

（6）出现磨纹和砂眼。

68. 扯制水刷石圆柱帽，喷刷如何进行？

答：扯制水刷石圆柱帽，喷刷时，待石子浆开始初凝（即用手指轻压面层无指痕时）即可开始刷石子。刷时应先刷凹线，后刷凸线，使线角露石均匀。先用刷子蘸水刷掉面层水泥浆，然后用毛刷子刷掉表面浆水后即用喷壶或喷雾器冲洗一遍，并反复刷、喷至石子露出1/3后，最后用清水将线脚表面冲洗干净。

69. 美术水磨石采用铜分格条时应如何操作？

答：使用铜分格条时，应预先在铜条的两端头下部1/3处打眼，穿22号铁丝或铜丝（也可穿2~3号的图钉），用素水泥浆压牢，其他要求同水磨石地坪。

70. 碎拼大理石的块料按其形状可分为哪几种？

答：碎拼大理石的块料按其形状可分为下列三种：

（1）非规格块料。长方形或正方形，尺寸不一，边角切割整齐。

（2）冰裂状块料呈几可多边形，大小不一，边角切割整齐。

（3）毛边碎块料，不整齐的碎块、毛边、不规则。

71. 喷涂施工要点有哪些？

答：喷涂施工要点有如下几点：

（1）喷涂时的基层要求及底层、中层抹灰与一般装饰抹灰相同。

（2）在喷涂前先将门窗及不喷涂的部位进行遮盖，按设计要求弹分格线、粘胶条。

（3）喷涂时应注意墙面的干湿程度。

（4）喷涂时应保持颜色均匀一致，疏密适宜。

（5）喷涂层的接槎、分块必须计划安排好，不留施工缝。

72. 弹涂、喷涂和滚涂质量标准保证项目，基本项目有哪些要求？

答：（1）保证项目：所用材料的品种、质量必须符合设计要求，各抹灰层之间及抹灰层与基体之间必须粘结牢固，无脱层、空鼓和裂缝缺陷。

（2）基本项目：

1）表面颜色一致，花纹、色点、大小均匀，不显接槎，无漏涂和透底或流淌现象。

2）格条（缝）的宽度和深度一致、平滑、楞角整齐、模平竖直、通顺。

73. 彩色斩假石质量保证项目有什么要求？

答：（1）彩色斩假石所用材料的品种、质量、颜色、图案必须符合设计要求和现行标准规定。

（2）各种灰层之间及抹灰层与基体之间必须粘结牢固，无脱层、空鼓和裂缝等缺陷。

74. 仿石抹灰的施工操作要点有哪些？

答：仿石抹灰的施工操作要点有如下几点：

（1）根据设计图样和样板在墙上弹线放大样。

（2）粘贴分格条（隔夜浸水的6mm×15mm分格条）；

（3）检查墙面干湿程度，浇水湿润，抹灰压实刮平，使用木抹子搓平。

（4）收水后用竹丝扫帚扫出条纹，起出分格条，用素灰浆勾好缝。

（5）凝固后扫去浮砂，为了美观可待面层干燥后刷浅色乳胶两遍。

75. 假面砖的施工操作要点有哪些？

答：假面砖的施工操作要点有如下几点：

（1）对墙面的基层处理和中层抹灰与一般装饰抹灰方法相同。

（2）在抹面层砂浆前，先润水，后弹水平线。

（3）抹中层灰后，待收水成半干时，抹面展砂浆。

（4）待面层砂浆收水后，用铁梳子在靠尺板上划纹，深度为1mm。然后用铁钩子根据面砖的宽度沿靠尺板横向划沟，其深度以露出垫层灰为准，划好后将飞边砂浆扫净。

76. 陶瓷锦砖铺贴后面层缝格不均匀的主要原因是什么？

答：陶瓷锦砖辅贴面层缝格不均匀的原因主要有以下两点：

（1）一是在铺贴前没有挑选好陶瓷锦砖，使同一房间内出现了不相同的陶瓷锦砖；

（2）二是由于没有按规矩放好套方控制线和纵横控制线，导致整张锦砖间出现或紧或松的缝隙。

77. 陶瓷锦砖铺贴后面层格缝不均匀的防治有哪些？

答：陶瓷锦砖铺贴后面层格缝不均匀的防治措施主要有以下两点：

（1）铺贴前一定要按要求认真挑选陶瓷锦砖，对不同规格的锦砖要分类放好，同一房间必须使用相同的整张陶瓷锦砖；

（2）铺贴前要按要求套方，挂好纵横控制线，铺贴时要认真按控制线操作，揭纸后要及时进行调整拨缝，以使缝格均匀。

78. 瓷砖出现变色、裂缝和表面污染的主要原因是什么？

答：（1）使用釉面瓷砖的质量差，材质松脆，吸水率大，抗拉、抗压、抗折性能差，由于瓷砖的吸水率和湿膨胀大，产生内应力使瓷砖开裂。

（2）在运输和操作过程中造成隐伤，由于湿膨胀力作用出现裂缝。

（3）施工前浸泡不透，粘贴时，粘结砂浆中浆水或不洁水从瓷砖背面渗进砖坯内，造成瓷砖变色。

79. 简述花岗石饰面施工干挂工艺中的直接挂板法。

答：干挂工艺又有两种方法：直接挂板法和花岗石预制板干挂法。

直接挂板法安装花岗石板块，是用不锈钢型材或连接件将板块支托并锚固在墙面上，连接件用膨胀螺栓固定在墙面上，上下两层之间的间距等于板块的高度。安装的关键是板块上的凹槽和连接件位置的准确。花岗石板块上的四个凹槽位，应在板厚中心线上。

较厚的板块材拐角，可做成"L"形错缝，或45°斜口对接等形式；平接可用对接、搭接等形式。

80. 瓷砖镶贴施工时如何弹线？

答：弹线先量出镶瓷砖的面积，算出纵横皮数，划出皮数杆。根据皮数杆的皮数，在墙面上从上到下弹出若干条水平线，控制水平皮数。按整块瓷砖尺寸分割竖直方向的长度，并按尺寸弹出竖直方向的控制线。此时应注意水平方向和垂直方向的砖缝一致。

81. 对喷塑涂料材料有哪些要求？

答：（1）底油：乙烯—丙烯酸酯是聚乳液，要求即能耐碱耐水，又能增加骨料与基层的粘结力。

（2）骨料应存放在干燥通风库房，贮存温度0℃以上，若发现有冻结，可放在屋内较暖和处解冻，经检查合格后方可使用。涂料应达到在常温下浸水六个月或在常温下浸泡和氢氧化钙溶液15d反复涂层不脱落的要求。

（3）面油：用0.5%皂液刷洗4000次不露底，常温下浸水24h粘结强度仍达0.7MPa左右。

82. 镶贴碎拼大理石墙面的施工要点是什么？

答：（1）碎拼大理石安装前应试拼，统一编号。

（2）墙面要拉线找方抹直，分遍扩底找平，在门窗口转角处留出镶贴块材厚度。块材应将背面和侧面刷洗干净备用。

（3）设计有图案要求时，应先镶贴图案部分，然后再镶贴其他部位。

（4）粘结层用1∶2水泥砂浆，厚度一般应在10～15mm，每天镶贴高度不宜超过1.2m。

（5）镶贴后，要按设计要求采用不同颜色的水泥砂浆勾缝，随时将表面清理干净。光面和镜面碎拼大理石，经清洗晾干后，要用蜡上光。

83. 如何进行陶瓷壁画施工？

答：（1）组织专门作业组，学习熟读画稿，领会艺术内涵，在此基础上制定施工技术方案。

（2）在其他组，湿作业完成后，在环境封闭条件下进行作业。作业环境温度应满足要求。

（3）基层打底坚实、平整、平而不光，不允许有空壳起鼓裂缝等缺陷。

（4）弹分格线，检查无误后按编号铺贴。胶结材料按设计要求配制，铺设过程中随时清除沾染在砖之间灰浆。

（5）勾缝，一幅画面的勾缝应一次完成，带色的勾缝料应试画，经认可方可使用，以保证壁画整体效果。

（6）养护与成品保护、适时养护，以防受损。

84. 堆塑时要把住哪些施工关键？

答：进行堆塑施工，要把住三关。

(1) 纸灰筋配制，一定要捣到本身具有黏性和可塑性才可使用。

(2) 要精心细塑，切勿操之过急。

(3) 压实磨光至关紧要，花饰愈压实，愈磨光、愈不会渗水，经历时间越久。

85. 缺棱掉角的大理石怎样修补?

答：在运输或现场作业中大理石容易破损，缺棱掉角，现场可以修补，其方法是用胶带纸贴膜，将相同石材碎料磨细，加大理石胶拌合，在3min填入抹平。10min后撕去胶带，依次用100目、300目、600目、800目砂纸打磨。砂纸可用胶带粘结在圆角磨光机打磨。

86. 室内抹灰层出现裂缝的主要原因是什么?

答：室内抹灰层出现裂缝的主要原因如下：

(1) 抹灰砂浆的水灰比失调，用水量过大。

(2) 基层偏差较大，抹灰层的厚度不均，收缩不一致。

(3) 原材料选用不当，如砂子过细、水泥的安定性不好等。

(4) 抹灰层与基层及各抹灰层之间出现空鼓现象。

(5) 地基沉陷、结构变形、气候温差等也会导致开裂。

87. 室内抹灰层防治裂缝的预防措施及处理方法是什么?

答：防治室内抹灰层裂缝的措施如下：

(1) 控制用水量，选择最佳水灰比。

(2) 对基层偏差较大的地方要分层抹灰抹平，以达到规范要求。

(3) 选用中砂和安定性合格的水泥。

(4) 抹灰前对基层认真清理、湿润，保证各抹灰层粘结牢固。

(5) 对地基沉陷、结构变形及温差等原因导致的裂缝，要在裂缝部位刷白乳胶，粘贴白尼龙纱布后，刮腻子喷浆，以清除表面裂缝。

88. 楼地面抹灰出现空鼓的原因是什么?

答：楼地面抹灰出现空鼓的原因如下：

（1）基层或垫层遗留的杂物和落地灰清理不干净。

（2）面层厚度不均匀，收缩不一致。

（3）抹灰地面前浇水和扫水泥浆不均匀。

89. 楼地面抹灰出现空鼓的防治措施是什么？

答：楼地面抹灰出现空鼓的防治措施如下：

（1）将基层或垫层上的落灰和杂物清理干净，并用水清刷干净。

（2）面层分两层操作，第一层找补凹处，第二层要求在第一层终凝后开始抹平。

（3）水泥素浆要随抹随扫，但不要扫得太早。

90. 楼地面饰面工程质量评定验收标准，基本项目踢脚板内要求是什么？

答：楼地面饰面工程质量评定验收标准，基本项目踢脚板内容要求如下：

（1）合格结合牢固，平整洁净。

（2）优良结合牢固、高度一致、平整洁净、接缝均匀、上口整齐。

91. 室内外饰面工程质量评定验收标准，基本项目的内容是什么？

答：室内外饰面工程质量评定验收标准，基本项目的内容如下：

（1）表面平整、洁净、颜色一致，无变色、起碱、污痕和光泽显著受损，无空鼓现象。

（2）接缝填嵌密实、平直、宽窄一致，颜色一致，在阴阳角处板的压向正确，非整块的使用部位正确。

（3）用整块套割吻合，边缘整齐，墙裙、贴脸等上口平顺，凸出墙面的厚度一致。

92. 一般抹灰质量验收标准，基本项目高级抹灰的内容是什么？

答：一般抹灰质量验收标准，基本项目高级抹灰合格品为：表面光滑，洁净颜色均匀，线角和灰线平直方正。优良品为：表面光滑、洁净，颜色均匀无抹纹，线角和灰线平直方正，清晰美观。

93. 一般抹灰质量验收标准，基本项目护角和门窗框与墙体间缝隙的填塞质量要求是什么？

答：一般抹灰质量验收标准，基本项目护角和门框与墙体间缝隙的填塞质量标准如下：

(1) 合格：护角材、料、高度应符合施工规范规定，门窗框与墙体间缝隙填塞密实。

(2) 优良：护角符合施工规范规定，表面光滑、平顺、门窗框与墙体之间缝隙填塞密实、表面平整。

94. 什么叫因果分析图？

答：因果分析图又叫特性要因图。由于其形状像树枝和鱼刺，所以称为鱼刺图或树枝图。因果分析图是根据存在的质量问题和主要影响因素，进一步寻找产生质量问题的原因的图示方法。

95. 建筑施工安全管理的工作内容主要有哪些？

答：(1) 思想重视。

(2) 建立安全生产管理制度。包括安全生产教育制度、安全生产责任制度，安全技术措施计划，定期检查制度伤亡事故的调查和处理制度。

(3) 建立安全专职机构和配备专职的安全技术干部。

(4) 切实保证职工在安全条件下施工，各种临时施工设施都要符合国家规定标准，各种安全防护装置要可靠、有效。

(5) 采取有针对性安全技术措施和做好安全技术交底工作。

96. 全面质质量管理 PDCA 循环法具体分为哪八个步骤？

答：全面质量管理 PDCA 循环法具体分为八个步骤：

第一步：调查分析现状，找出存在的质量问题。

第二步：分析质量问题的各种影响因素。

第三步：找出主要的影响因素。

第四步：制定改善质量的措施，提出行动计划和预计效果。

第五步：按既定的措施下达任务，并按措施去执行。

第六步：检查采取措施后的效果。

第七步：总结经验，巩固措施，制定标准，形成制度。

第八步：提出尚未解决的问题，转入下一个循环。

97. 怎样组织结构工程验收？检查哪些内容？

答：在抹灰、装饰工程施工前，对结构工程以及其他有关项目进行检查是确保工程质量和顺利施工的关键。

主要内容有：（1）门窗框及其他木制品是否安装齐全，门口高低是否符合室内水平线标高。

（2）顶棚，墙间预留木砖或预埋件是否遗漏，其位置是否正确，吊顶是否安装牢固，其标高是否正确。

（3）水、电管，配电箱等是否安装完毕，是否遗漏。

（4）对于已安装好的门窗框等，保护措施是否做好。

98. 影响抹灰质量有哪五大因素？它们之间是什么关系？

答：五大因素是：人、环境、机具、材料、操作方法。

这五大因素之间是互相联系互相制约的，是一个不可分割的有机整体。抹灰工程质量的关键是抓住这五个因素，将“事后把关”转到“事前预防”，将容易出现的事故因素控制起来，把管理工作放到生产中去

99. 成品保护中“护”的作用是什么？举例说明。

答：成品保护中“护”就是提前保护。如为了防止清水墙面污染，在脚手架、安全网横杆、进料口四周以及临近水刷石的墙面上，提前钉上塑料布或贴上纸；清水楼梯踏步采用护棱角钢上下连通固定；门口在推车易碰部位钉上防条或槽形盖铁等。

100. 建筑工程全面质量管理的基本观点有哪五个？

答：为用户服务的观点，广义工程质量的观点，“三全管理”的观点，预防为主的观点，用数据说话的观点。

3.4 计算题

1. 计算每立方米配合比为1∶1∶4的混合砂浆的材料净用量，其中砂的空隙率为30%，水泥的堆积密度为1200kg/m³，每立方米石灰膏的生石灰用量为600kg。试计算砂、水泥、生石灰的用量。

解：（1）砂的用量为：$\dfrac{4}{(1+1+4)\quad -4\times 30\%}=0.83\text{m}^3$

（2）水泥的用量为：$\dfrac{1}{4}\times 0.83\times 1200=249\text{kg}$

（3）生石灰的用量为：$\dfrac{1}{4}\times 0.83\times 600=124.5\text{kg}$

答：砂的用量为0.83m³；水泥用量为249kg；生石灰用量为124.5kg。

2. 某教室，纵墙中线到中线尺寸为8100mm，横墙中线到中线尺寸为6000mm，墙厚均为240mm，纵墙内侧每边有2只附墙砖垛（搁置大梁用），尺寸为120mm×240mm，混凝土楼板下面有L201大梁两根，截面尺寸为240mm×500mm，试根据以上条件计算顶棚抹灰工程量和顶棚四周装饰线工程量。

解：（1）顶棚抹灰工程量为：

$S_1=(8.1-0.24)\times(6-0.24)=45.07\text{m}^2$

S_2(梁两侧) $=(6-0.24)\times 0.5\times 2$ 面 $\times 2$ 根 $=11.52\text{m}^2$

S(顶棚) $=45.07+11.52=56.59\text{m}^2$

(2)装饰灰线工程量：

$L=[(8.1-0.24)+(6-0.24)]\times 2+(0.12+0.12)$

$\times 4$(砖垛两侧)

$=(7.86+5.76)\times 2+0.24\times 4$

$=28.2\text{m}$

答：顶棚抹灰工程量为56.59m²；和顶棚四周装饰线工程

量28.2m。

3. 某建筑物纵墙中线到中线尺寸为32400mm，横墙中线到中线尺寸为13200mm，墙厚均为240mm，纵墙方向都有挑檐天沟，离外墙面400mm，混凝土屋面板上首先做水泥膨胀珍珠岩保温层60mm厚，其上面做20mm厚水泥砂浆找平层，再在其上做二毡三油一砂浆防水层。试根据以上条件计屋面上保温层及找平层工程量。

解：(1) 保温层工程量为：

$S=(32.4+0.24)\times(13.2+0.24)=438.68\text{m}^2$

(2)找平层工程量为：

$S=(32.4+0.24)\times(13.2+0.24+0.4\times2)=464.8\text{m}^2$

答：以上条件计屋面上保温层工程量为438.68m^2；找平层工程量为464.8m^2。

4. 某建筑物平屋面，有挑檐天沟，外墙轴线中到中为32400mm，墙厚度240mm，室外设计地坪标高为-0.45m，外墙裙高度为600mm，挑檐天沟底标高为+10.50m，外墙面上有钢窗SCI1800mm×2100mm共17樘，大门2800mm×3000mm有2樘，雨篷2只，其水平投影尺寸为1000mm×3800mm。试根据以上条件，计算外墙裙水泥抹灰及外墙面1∶1∶6混合砂浆抹灰的工程量（不考虑洞口的侧壁面积）。

解：(1) 外墙裙抹灰工程量为：

$S=(32.4+0.24)\times\ =19.584\text{m}^2$

(2) 外墙面抹灰工程量为：$l=32.4+0.24=32.64\text{m}$

$h=10.5+0.45-0.60=10.35\text{m}$

须扣除面积为：$1.8\times2.1\times17+2.8\times3\times2=81.04\text{m}^2$

则：$S=32.64\times10.35-81.04=256.784\text{m}^2$

答：外墙裙水泥抹灰工程量为19.584m^2；外墙面1∶1∶6混合砂浆抹灰的工程量为256.784m^2。

5. 试计算1.3∶2.6∶7.4（沥青∶石英粉∶石英砂）耐酸沥青砂浆每立方米各种材料的净用量（已知：沥青的密度为1.1g/

cm^3，石英粉和石英砂的密度均为 $2.7g/cm^3$）

解：单位用量为：$\frac{1}{1.3+2.6+7.4}=0.0885$

沥青用量为：$1.3\times0.0885=0.115$

石英粉用量为：$2.6\times0.0885=0.230$

石英砂用量为：$7.4\times0.0885=0.655$

每立方米耐酸砂浆重量为：$\frac{1\times1000}{\frac{0.115}{1.1}+\frac{0.23}{2.7}+\frac{0.655}{2.7}}=2308kg$

沥青量：$2308\times0.115=265kg$

石英粉量：$2308\times0.23=531kg$

石英砂量：$2308\times0.655=1512kg$

答：每立方米各种材料的用量分别为：沥青用量 265kg、石英粉用量 531kg、石英砂用量 1512kg。

6. 根据已提供的数据，计算频率和累计频率，并作排列图。一共检查 500 间房间，发现起砂 10 处，开裂 20 处，空鼓 15 处，不平整 50 处，其他质量问题 5 处。

解：具体见下表。

频 率 表

项　　目	不合格数	频率（%）	累计频率（%）
不平整	50	50	50
开裂	20	20	70
空鼓	15	15	85
起砂	10	10	95
其他	5	5	100
合计	100		

7. 工料分析，如下表。

第7题工料分析表

定额编号			1-44	1-1	合计
项目			普通水磨石地面（带嵌条）	铺贴大理石地面	
计算单位			$10m^2$	$10m^2$	
工程量			$302m^2$	$105m^2$	
人工、工日	抹灰工	定额	8.8	4.5	
		合计			
	辅助工	定额	1.8	0.79	
		合计			
材料	42.5水泥（kg）	定额	29.8	167	
		合计			
	黄砂（kg）	定额	340	332	
		合计			
	白云石（kg）	定额	310		
		合计			
	3mm玻璃条（m^2）	定额	0.4		
		合计	12.08		
	草酸（kg）	定额	0.12	0.1	
		合计			
	软白蜡（kg）	定额	0.3	0.4	
		合计			
	20mm厚大理石板块	定额	10.2		
		合计			

解：具体见下表：

解第7题工料分析表

定额编号			1-44	1-1	合计
项目			普通水磨石地面（带嵌条）	铺贴大理石地面	
计算单位			$10m^2$	$10m^2$	
工程量			$302m^2$	$105m^2$	
人工、工日	抹灰工	定额	8.8	4.5	
		合计	265.766	47.25	313.01
	辅助工	定额	1.8	0.79	
		合计	54.3	68.30	62.66
材料	42.5水泥（kg）	定额	29.8	167	
		合计	8999.6	1753.5	10753
	黄砂（kg）	定额	340	332	
		合计	10268	3486	13754
	白云石（kg）	定额	310		
		合计	6342		6342
	3mm玻璃条（m^2）	定额	0.4		
		合计	12.08		12.08
	草酸（kg）	定额	0.12	0.1	
		合计	3.62	1.05	4.67
	软白蜡（kg）	定额	0.3	0.4	
		合计	9.06	4.2	13.26
	20mm厚大理石板块	定额	10.2		
		合计	308.4		308.40

8. 工料分析，如下表。

第8题工料分析表

定额编号			2-37	2-83	合计
项目			铺贴外墙面无釉面砖	柱面斩假石装饰	
计算单位			$10m^2$	$10m^2$	
工程量			$408m^2$	$12.6m^2$	
人工、工日	抹灰工	定额	7.35	8.6	
		合计			
	辅助工	定额	1.04	1.14	
		合计			
材料	42.5水泥（kg）	定额	158.7	166.4	
		合计			
	黄砂（kg）	定额	325.8	230.3	
		合计			
	45mm × 45mm 无釉面砖（块）	定额	2050		
		合计			
	108胶水（kg）	定额	0.15		
		合计			
	白石屑（kg）	定额		157.5	
		合计			
	木材（m^3）	定额		0.0023	
		合计			

解：具体详情见下表。

解第 8 题工料分析表

定额编号			2-37	2-83	合计
项目			铺贴外墙面无釉面砖	柱面斩假石装饰	
计算单位			$10m^2$	$10m^2$	
工程量			$408m^2$	$12.6m^2$	
人工、工日	抹灰工	定额	7.35	8.6	
		合计	299.88	10.84	310.72
	辅助工	定额	1.04	1.14	
		合计	42.43	1.44	43.87
材料	42.5 水泥（kg）	定额	158.7	166.4	
		合计	6474.96	209.66	6684.62
	黄砂（kg）	定额	325.8	230.3	
		合计	13292.64	290.18	13582.8
	45mm × 45mm 无釉面砖（块）	定额	2050		
		合计	83640		83640
	108 胶水（kg）	定额	0.15		
		合计	6.12		6.12
	白石屑（kg）	定额		157.5	
		合计		198.45	198.45
	木材（m^3）	定额		0.0023	
		合计		0.003	0.003

9. 从定额中查到每立方米砂浆中的水泥质量为107kg、石灰为384kg、砂子为916kg，已知某项目抹灰的砂浆总量为40m^3，则该项目各种材料总用量为多少？

解：水泥用量为：$170\times40=6800kg$

石灰用量为：$384\times40=15360kg$

砂子用量为：$916\times40=36640kg$

答：各种材料的用量分别为水泥6800kg、石灰15360kg、砂子36640kg。

10. 计算1∶3∶8混合砂浆的材料净用量。其中，砂子的空隙率为40%，砂子表观密度为1550kg/m^3，水泥的堆积密度为1200kg/m^3，每立方米石灰膏用生石灰600kg，求每立方米各种材料的用量。

解：砂子用量为：$\frac{1}{(1+3+8)\quad-8\times0.4}=0.91m^3$

水泥用量为：$\frac{1\times1200}{8}\times0.91=136.5kg$

生石灰用量为：$\frac{3\times600}{8}\times0.91=204.8kg$

答：各种材料的用量分别为：砂子0.91m^3、水泥136.5kg、生石灰204.8kg。

3.5 实际操作题

1. 做石膏装饰。

考核项目及评分标准

序号	考核项目	分项内容	评分标准	标准分	检测点					得分
					1	2	3	4	5	
1	花饰板粘结	粘结牢固、无裂缝翘曲和掉角	粘结不牢固、裂缝翘曲等缺陷，本项无分	15						

续表

序号	考核项目	分项内容	评分标准	标准分	检测点					得分
					1	2	3	4	5	
2	接缝	严密吻合	接缝不严密、不吻合，每处扣1分	15						
3	装饰	位置正确	位置不正确，本项无分	10						
4	表面	光洁、图案清晰	粗糙、不清晰，每处扣1分	15						
5	线条	流畅	大于1mm，每处扣1分	15						
6	工具使用维护	工具、设备使用与维护	做好操作前工、用具准备、做好工、用具维护	5						
7	安全文明施工	安全生产落手清	有事故不得分，落手清、未做无分	10						
8	工效	定额时间	低于定额90%，本项无分；在90%～100%之间的酌情扣分；超过定额酌情加1～3分	15						
			合计	100						

2. 制作阴、阳模。

考核项目及评分标准

序号	考核项目	分项内容	评分标准	标准分	检测点					得分
					1	2	3	4	5	
1	图案放样	符合设计要求	图案不正确，具备变形每处扣5分；3处以上本项目不合格	15						
2	选材料	正确	材料不正确，本项无分	10						
3	图案	清晰、正确	局部不清晰每处扣5分；达不到要求，本项目不合格	10						

续表

序号	考核项目	分项内容	评分标准	标准分	检测点					得分
					1	2	3	4	5	
4	模内	光滑	裂缝、粗糙，每处扣2分	10						
5	层次	分明	层次不分明，每处扣2分	10						
6	模尺寸	正确	大于1mm，每处扣4分	20						
7	工具使用维护	做好操作前工、用具准备、完工后做好工、用具维护	施工前、后，进行两次检查酌情扣分	10						
8	安全文明施工	安全生产落手清	有事故不得分，工完场未清，不得分	5						
9	工效	定额时间	低于定额90%，本项无分；在90%～100%之间的酌情扣分；超过定额酌情加1～3分	10						
合计				100						

3. 抹水泥柱帽。

考核项目及评分标准

序号	考核项目	分项内容	评分标准	标准分	检测点					得分
					1	2	3	4	5	
1	抹灰粘结层	粘结牢固、无空鼓、裂缝	空鼓、裂缝，每处扣5分	20						
2	表面	光洁	接槎印、抹子印，每处扣3分；表面毛糙无分	15						
3	尺寸	正确	偏差大于2mm，每处扣5分；大于4mm，本项无分	20						

续表

序号	考核项目	分项内容	评分标准	标准分	检测点					得分
					1	2	3	4	5	
4	弧度	一致	不正确，每处扣2分；5处以上不正确本项无分	15						
5	工具使用维护	做好操作前工、用具准备、完成后工、用具维护	施工前、后两次检查的情况，酌情扣分或不扣分	10						
6	安全文明施工	安全生产落手清	有事故不得分；落手清，未做无分	10						
7	工效	定额时间	按照劳动定额执行，低于定额90%；本项无分；在90%～100%之间的酌情扣分；超过定额酌情加1～3分	15						
			合计	100						

4. 墙面滚涂。

考核项目及评分标准

序号	考核项目	分项内容	评分标准	标准分	检测点					得分
					1	2	3	4	5	
1	颜色	均匀程度	参照样板，全部不符合，无分；局部不符适当扣分	15						
2	花纹色点	均匀程度	参照样板，全部不符合，无分；局部不符适当扣分	25						
3	涂层	漏涂程度	每处漏涂，扣3分	15						
4	表面	接槎痕	每处接槎痕，扣5分	10						

续表

序号	考核项目	分项内容	评分标准	标准分	检测点					得分
					1	2	3	4	5	
5	面层	透底程度	没出透底扣2分；严重透底本项无分	5						
6	涂料	流坠程度	每处流坠扣2分；严重流坠，本项无分	5						
7	工艺	符合操作规范	关键错误无分；部分错误，适当扣分	10						
8	工具使用维护	做好操作前工、用具准备、完成后工、用具维护	施工前、后两次检查的情况，酌情扣分或不扣分	5						
9	安全文明施工	安全生产落手清	重大事故本次考核不合格；一般事故无分；事故苗头扣2分；落手清未做无分；不清，扣2分	5						
10	工效	定额时间	按照劳动定额执行，低于定额90%，本项无分；在90%～100%之间的酌情扣分；超过定额酌情加1～3分	5						
合计				100						

5. 墙面拉毛。

考核项目及评分标准

序号	考核项目	分项内容	评分标准	标准分	检测点					得分
					1	2	3	4	5	
1	表面	平整	允许偏差±4mm，大于1mm每处扣1分（一处）	8						
2	立面	垂直	允许偏差±5mm，大于1mm每处扣1分	8						

续表

序号	考核项目	分项内容	评分标准	标准分	检测点					得分
					1	2	3	4	5	
3	面层	空鼓、裂缝	严重空鼓、裂缝无分，局部空鼓、裂缝适当扣分	9						
4	花纹、斑点	均匀程度	参照样板，全部不符合无分；局部不符合适当扣分	30						
5	色泽	均匀程度	参照样板，全部不符合无分；局部不符合适当扣分	20						
6	工具	做好操作前工、用具准备、完成后工、用具维护	施工前、后两次检查的情况，酌情扣分或不扣分	5						
7	工艺	符合操作规范	关键错误无分；部分错误，适当扣分	10						
8	安全文明施工	安全生产落手清	重大事故本次考核不合格；一般事故无分；事故苗头扣2分，落手清未做无分；不清，扣2分	5						
9	工效	定额时间	按照劳动定额执行，低于定额90%；本项无分；在90%~100%之间的酌情扣分；超过定额酌情加1~3分	5						
			合计	100						

6. 抹方、圆柱出口灰线。

考核项目及评分标准

序号	考核项目	分项内容	评分标准	标准分	检测点					得分
					1	2	3	4	5	
1	表面	光滑、清晰	表面毛糙，每处扣4分；接槎印颜色不均匀，每处扣4分	20						

续表

序号	考核项目	分项内容	评分标准	标准分	检测点					得分
					1	2	3	4	5	
2	灰线	顺直、尺寸正确	不顺直、尺寸不正确，每处扣4分	20						
3	垂直	符合规范要求	超出规范要求，每处扣4分	20						
4	棱角	清晰、无接槎	接槎印、毛糙，每处扣4分	20						
5	工艺	符合操作规范	关键错误无分，部分错误适当扣分	10						
6	安全文明施工	安全生产落手清	重大事故本次考核不合格；一般事故无分；事故苗头扣2分；落手清未做无分；不清，扣2分	5						
7	工效	定额时间	按照劳动定额执行，低于定额90%，本项无分；在90%～100%之间的酌情扣分；超过定额酌情加1～3分	5						
合计				100						

7. 墙面喷涂石灰浆涂料。

考核项目及评分标准

序号	考核项目	评分标准	标准分	检测点					得分
				1	2	3	4	5	
1	掉粉、起皮漏刷、透底	发现掉粉、起皮、漏刷、透底，本项目无分	15						
2	反碱、咬色、流坠疙瘩	允许少量出现，反碱、咬色、流坠疙瘩，大量出现，扣10分	15						
3	喷点、刷纹	2mm正视喷点均匀，刷纹通顺	10						

续表

序号	考核项目	评分标准	标准分	检测点					得分
				1	2	3	4	5	
4	装饰线、分色线平直	偏差不大于3mm，大于3mm适当扣分	15						
5	门窗、灯具	不洁净，适当扣分	15						
6	工完场清文明施工	工、用具准备、维护工完场清	5						
7	安全	无安全事故	10						
8	工效	低于定额90%，本项无分；在90% ~100%之间的酌情扣分；超过定额酌情加1~3分	15						
		合计	100						

8. 异形顶棚壁纸裱糊。

考核项目及评分标准

序号	考核项目	评分标准	标准分	检测点					得分
				1	2	3	4	5	
1	牢固、色泽空鼓、翘边	不牢固扣5分；色泽不一致，扣5分；空鼓、翘边，扣8分	20						
2	波纹、离缝、斑污	无波纹、平整、不得离缝、无斑污，轻微，扣3~5分	15						
3	阴、阳角垂直	阴角搭接顺光，阳角无接缝	15						
4	边缘平整、无纸毛、飞刺等	有纸毛、飞刺、边缘不平整，不得分	15						
5	漏贴、脱层	有漏贴、脱层，本项无分	10						
6	工完场清工具清	场地整洁，工、用具维护	5						

续表

序号	考核项目	评分标准	标准分	检测点					得分
				1	2	3	4	5	
7	安全	无安全事故	10						
8	工效	低于定额90%，本项无分；在90%~100%之间的酌情扣分；超过定额酌情加1~3分	10						
合计			100						

9. 家具广漆涂料涂饰操作。

考核项目及评分标准

序号	考核项目	评分标准	标准分	检测点					得分
				1	2	3	4	5	
1	漏刷、斑迹	有漏刷、斑迹，本项无分	20						
2	木纹	棕眼未刮平，木纹不清楚，大面积无分；小面积，轻微，扣3~5分	15						
3	光亮和光滑	光亮柔和，光滑满分。光亮，不光滑，扣3~6分	15						
4	裹棱、流坠、皱皮	有裹棱、流坠、皱皮，本项无分	15						
5	颜色、刷纹	颜色一致，无刷纹，有刷纹，扣3~6分	10						
6	工完场清、工具清	工完场清文明施工，工、用具维护	5						
7	安全	无安全事故	10						
8	工效	低于定额90%，本项无分；在90%~100%之间的酌情扣分；超过定额酌情加1~3分	10						
合计			100						

10. 按图组织一般工程抹灰施工。

考核项目及评分标准

序号	考核项目	评分标准	标准分	检测点					得分
				1	2	3	4	5	
1	计算工程量	允许偏差 ±5%，超过5%每超过1%，扣2分	10						
2	材料预算	允许偏差 ±5%，超过5%每超过1%，扣2分	10						
3	人工预算	允许偏差 ±5%，超过5%每超过1%，扣2分	10						
4	施工组织（方案）	人、机、物安排不合理本项无分	15						
5	用料正确	不正确，本项无分	5						
6	质量验收评定	漏项，每处扣2分；错误，本项无分	10						
7	安全措施	漏项，每处扣2分	10						
8	施工计划	不合理，本项无分	10						
9	工艺流程	编制工艺卡，优秀得15分；良好得10分；一般得5分；差无分	10						
10	工效	按劳动定额执行，低于定额90%，本项无分，在90%～100%之间的酌情扣分；超过定额酌情加1～3分	10						
		合计	100